让榨汁机成为你的药房——

一杯蔬果汁就能治好病

| 李波 编著 |

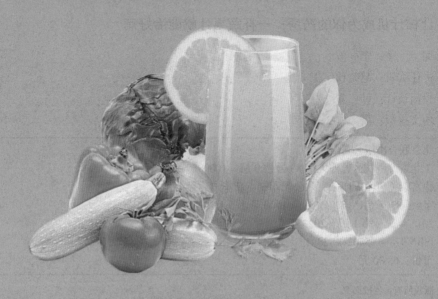

北京联合出版公司
Beijing United Publishing Co.,Ltd.

图书在版编目（CIP）数据

让榨汁机成为你的药房：一杯蔬果汁就能治好病 / 李波编著 . -- 北京：北京联合出版公司，2015.3（2023.9 重印）

ISBN 978-7-5502-4828-1

Ⅰ . ①让… Ⅱ . ①李… Ⅲ . ①蔬菜 - 饮料 - 制作②果汁饮料 - 制作③蔬菜 - 饮料 - 食物养生④果汁饮料 - 食物养生 Ⅳ . ① TS275.5 ② R247.1

中国版本图书馆 CIP 数据核字（2015）第 047138 号

让榨汁机成为你的药房：一杯蔬果汁就能治好病

编　著：李　波
责任编辑：赵晓秋　王　巍
封面设计：韩　立
内文排版：潘　松

北京联合出版公司出版
（北京市西城区德外大街 83 号楼 9 层　100088）
德富泰（唐山）印务有限公司印刷　新华书店经销
字数 437 千字　720 毫米 ×1000 毫米　1/16　20 印张
2015 年 3 月第 1 版　2023 年 9 月第 3 次印刷
ISBN 978-7-5502-4828-1
定价：68.00 元

现代医学高度发展的今天，生病了用几粒小小的药片来治疗相关的症状，这是人尽皆知的常识。然而，"是药三分毒"，很多医药都是有副作用的。同样，打针、手术等等也有这样那样的问题。如何简单高效地解决这些问题呢？药食同源，天然蔬果就是治病良药，绿色、健康、安全、无毒。蔬果巧妙搭配，科学榨汁，平凡食材便可榨出胜过打针吃药的养生蔬果汁！

蔬果汁作为一种集保健、食疗、美容为一体的综合性饮品，已经走入现代人的生活。鲜榨的蔬果汁，每天只要一小杯，就可以补充我们所需要的维生素，同时还能滋润肠胃，帮忙清洗体内废弃物质。而自制鲜榨果汁不仅可以依个人爱好调味，增减浓度，最大的好处是卫生可靠、新鲜自然、营养不流失，且不含任何色素、香料、防腐剂及糖精等人工合成原料，具有百分之百的安全性，可以完全放心地饮用。但是你是否喝对蔬果汁了呢？你知道自己需要喝什么蔬果汁吗？你知道自己的身体对什么蔬果汁更合适吗？本书将为你一一解答。选对蔬果汁，为你的身体保驾护航。

为帮助大家选用适合自己的蔬果汁，本书精心选取了营养师推荐的一千多款对症养生蔬果汁。第一篇介绍了自制蔬果汁的常识，如自制蔬果汁的必备工具、根据体质选择蔬果、榨蔬果汁时应该注意什么、喝蔬果汁应该注意的问题，自制蔬果汁常用水果与蔬菜介绍等内容；第二篇介绍了日常保健蔬果汁，包括在消暑解渴、增强免疫力、健脑益智、养胃护胃、养心护心、保肝护肾、润肺止咳、清热祛火、防治脱发、通便利尿、抗辐射、防癌抗癌12个方面具有保健功效的蔬果汁；第三篇介绍了常见病调理蔬果汁，包括在患感冒、咳嗽、便秘、腹泻、贫血、高血压、糖尿病、口腔溃疡、失眠等常见病时可饮用的蔬果汁；第四篇介绍了适合全家人饮用的蔬果汁，包括老年人、儿童、男性、女性、孕产妇等人群适合饮用的蔬果汁；第五篇介绍的是女性专属蔬果汁，主要针对爱美女性介绍了具有美白护肤、补血养颜、纤体瘦身、除皱祛斑等功效的蔬果汁；第六篇介绍了特色蔬果汁，包括花果醋、蔬果蜂蜜汁、蔬果豆浆汁、蔬果牛奶汁、蔬果粗粮汁、七色蔬果汁。书中将市面上最流行的以及养生效果最佳的蔬果汁一网打尽，无论是忙碌的学生、生活不规律的上班族、代谢减缓的中老年人、急需营养补给的孕产妇都能找到自己喜欢与适合的，随用随查，方便实用。

　　厨房是最好的药房，食材是最好的药材，自己是最好的医生。多进厨房，才能少进药房。用好榨汁机，每天几分钟，为自己和家人榨制一杯对症的养生蔬果汁，轻松呵护全家人的健康。

目录

双桃菠萝汁 / 苦瓜菠萝橘子汁 / 胡萝卜牛奶蜂蜜汁 / 香蕉茼蒿牛奶汁 / 苹果西红柿双菜优酪乳 / 莲雾西瓜蜂蜜汁 / 白菜苹果汁 / 西红柿包菜芹菜汁 / 青苹果葡萄柠檬汁

美味柳橙汁 / 山药苹果汁 / 胡萝卜西蓝花芹菜汁 / 苹果李子蜂蜜汁 / 葡萄柚菠萝汁 / 黄瓜柠檬汁 / 包菜苹果汁 / 西红柿柠檬芹菜汁 / 菠菜胡萝卜包菜汁 / 香蕉柠檬蔬菜汁 / 草莓樱桃蜂蜜汁 / 清凉芹菜汁 / 菠萝草莓柳橙汁 / 香蕉优酪乳 / 包菜酪梨汁 / 胡萝卜豆浆汁 / 木瓜牛奶蛋汁 / 番石榴综合果汁 / 葡萄芝麻汁 / 香蕉西红柿汁 / 莲藕柳橙蔬果汁 / 哈密瓜毛豆汁 / 蜜汁榴莲 / 南瓜百合梨子汁

油菜苋菜芹菜汁 / 姜汁甘蔗汁 / 菠菜樱桃汁 / 黄瓜西瓜芹菜汁 / 梨子甜椒蔬果汁 / 柠檬芥菜蜜柑汁 / 西蓝花胡萝卜柠檬汁 / 毛豆香蕉汁 / 酸甜柳橙苹果梨汁 / 梨子油菜蔬果汁 / 香蕉苦瓜汁 / 三西汁 / 梨香蕉可可汁 / 金色组曲 / 马蹄山药优酪乳 / 芒果橘子奶 / 苹果莴笋柠檬汁 / 菠萝芹菜汁 / 橘柚汁 / 三果综合汁 / 香瓜西红柿蜜莲汁 / 李子牛奶饮 / 桃子杏仁汁 / 玫瑰双瓜汁

沙田柚菠萝汁 / 酸甜菠萝汁 / 杨梅汁 / 哈密瓜椰奶 / 油菜紫甘蓝汁 / 土豆牛奶汁 /

第五篇 爱美女性专属蔬果汁

第六篇 特色蔬果汁，特效养生法

第一篇
自制对症养生
蔬果汁

也许你想不到，普普通通的蔬菜水果，一经巧妙搭配，榨成蔬果汁，竟然有神奇的养生治病功效！营养专家分析称，每天一杯鲜榨蔬果汁，可以帮助人们清除体内毒素，滋养肠胃，调养身体，增强免疫力，预防和调理各种生活习惯病如高血压、糖尿病、高脂血症等，远离感冒发烧等各种常见疾病。对于生活在种种环境毒素和食物毒素之中的现代人而言，每天喝杯鲜榨蔬果汁，无疑是对自身健康的一种拯救方式。

自制蔬果汁的必备工具

要想制作出营养鲜美的蔬果汁，离不开榨汁机、搅拌棒等"秘密武器"，这些"秘密武器"您都会用吗？在榨汁工具的使用过程中，要注意哪些问题呢？在这里，我们就把一些经常会用到的榨汁工具给大家做个介绍。

1 榨汁机

榨汁机是一种可以将水果蔬菜快速榨成果蔬汁的机器，属小型家用电器。

配置： 主机、一字刀、十字刀、高杯、低杯、组合豆浆杯、盖子、口杯四个、彩色环套四个。

功用： 可榨汁、搅拌、切割、研磨、碎肉、碎冰等。

○使用方法

① 把材料洗净后，切成可以放入给料口的大小。

② 放入材料后，将杯子或容器放在饮料出口下面，再把开关打开，机器就开始运作，同时再用挤压棒向给料口挤压。

③ 纤维多的食物应直接榨取，不要加水，采用其原汁即可。

○使用注意

① 不要直接用水冲洗主机。

② 在没有装置杯子之前，请不要用手触动内置式开关。

③ 刀片部和杯子组合时要完全拧紧，否则会出现漏水及杯子掉落等情况。

○清洁建议

① 榨汁机如果只用来榨蔬菜或水果，用温水冲洗并用刷子清洁即可。

② 若用榨汁机榨了油腻的东西，清洗时可在水里加一些洗洁剂，转动数回就可洗净。无论如何，榨汁机用完之后应立刻清洗。

○选购榨汁机的诀窍

① 机器必须操作简单、便于清洗。

② 转速一定要慢，至少要在100转/分以下，最好是70~90转/分。

③ 最好选用手动的，因为电动的营养流失比较严重。

2 果汁机

香蕉、桃子、木瓜、芒果、香瓜及番茄等含有细纤维的蔬果，最适合用果汁机来制果汁，因为会留下细小的纤维或果渣，和果汁混合会呈现浓稠状，使果汁不但美味而且具有口感。含纤维较多的蔬菜及水果，也可以先用果汁机搅碎，再用筛子过滤。

○使用方法

❶ 将材料的皮及子去除，将其切成小块，加水搅拌。

❷ 材料不宜放太多，要少于容器的1/2。

❸ 搅拌时间一次不可连续操作2分钟以上。如果果汁搅拌时间较长，需休息2分钟，再开始操作。

❹ 冰块不可单独搅拌，要与其他材料一起搅拌。

❺ 材料投放的顺序应为：先放切成块的固体材料，再加液体材料搅拌。

○清洁建议

❶ 使用完后应立即清洗，将里面的杯子拿出泡过水后，再用大量水冲洗、晾干。

❷ 里面的钢刀须先用水泡一下再冲洗，最好使用棕毛刷清洗。

3 压汁机

适合于用来制作柑橘类水果的果汁，例如：橙子、柠檬、葡萄柚等。

○使用方法

水果最好以横切方式，将切好的果实覆盖其上，再往下压并且左右转动，即可挤出汁液。

○清洁建议

❶ 使用完应马上用清水清洗，而压汁处因为有很多缝隙，需用海绵或软毛刷清洗残渣。

❷ 清洁时应避免使用菜瓜布，因为会刮伤塑料，容易让细菌潜藏。

4 搅拌棒

搅拌棒是让果汁中的汁液和溶质能均匀混合的好帮手，不必单独准备，以家中常用的长把金属汤匙代替也可。果汁制作完成后倒入杯中，这时用搅拌棒搅匀即可。

○清洁建议

搅拌棒使用完后立刻用清水洗净、晾干。

○选购诀窍

搅拌棒经常和饮品接触，表面光滑的容易清洁，质量佳的也可反复使用。选购时宜选择制作工艺佳、用耐热材质制作的搅拌棒。

5 磨钵

适合于用包菜、菠菜等叶茎类食材制作蔬果汁时使用。此外，像葡萄、草莓、蜜柑等柔软、水分又多的水果，也可用磨钵制成果汁。

○使用方法

首先，要将材料切细，放入钵内，再用研磨棒捣碎、磨碎之后，用纱布包起将其榨干。在使用磨钵时，要注意将材料、磨钵，及研磨棒上的水分拭干。

○清洁建议

用完后，立即用清水清洗并擦拭干净。

6 砧板

塑料砧板较适合切蔬果。切蔬果和肉类的砧板最好分开来使用，除可以防止食物细菌交叉感染外，还可以防止蔬菜、水果沾染上肉类的味道，影响蔬果汁的口味。

○ 清洁建议

1. 塑料砧板每次用完后要用海绵蘸漂白剂清洗干净并晾干。
2. 不要用太热的水清洗，以免砧板变形。
3. 每星期要用消毒水浸泡砧板一次，每次浸泡1分钟，再用大量温开水冲洗净、晾干。

○ 选购诀窍

选购砧板应本着耐用、平整的原则，并注意以下几点：

1. 看整个砧板是否完整，厚薄是否一致，有没有裂缝。
2. 塑料砧板是近几年出现的新产品，要选用无毒塑料制成的。

7 水果刀

水果刀多用于切水果、蔬菜等食物。家里的水果刀最好是专用的，不要用来切肉类或其他食物，也不要用菜刀或其他刀来切水果和蔬菜，以免细菌交叉感染，危害健康。

○ 清洁建议

1. 每次用完水果刀后，应用清水清洗干净，晾干，然后放入刀套。
2. 如果刀面生锈，可滴几滴鲜柠檬汁在上面，轻轻擦洗干净，用这种方法除锈，既清洁消毒，又安全，无任何不良反应。
3. 切勿用强碱、强酸类化学溶剂洗涤。

○ 选购诀窍

1. 产品的标志应清晰、端正，并有制造厂名称、商标、地址、产品标记、联系方式等。
2. 商品表面应光亮，无划伤、凹、坑、皱折等缺陷。

8 削皮刀

削皮刀一般用于处理水果和蔬菜的去皮工序。削皮刀削皮非常实用又简单，比水果刀更方便更安全。

○ 清洁建议

每次削完皮之后应立即清洗干净，并及时晾干，以免生锈。

○ 选购诀窍

1. 应选择正规产品，最好是有商标、厂家、地址等信息的产品。
2. 应选择质量好的不锈钢的削皮刀，握柄比较光滑，不要选用粗糙的；刀面应锋利。

水果营养面面观

1 水果营养面对面

水果主要分为鲜果和干果两类。鲜果富含维生素，尤其是维生素C，同时还含有较多的无机盐和微量元素，蛋白质含量较少。干果营养丰富，所含的脂肪绝大部分为不饱和脂肪酸，是人体必需脂肪酸的优质来源。此外，干果还含有丰富的蛋白质、碳水化合物及膳食纤维，尤其富含矿物质和维生素。

有些人习惯起床就吃水果，其实水果大多是寒凉食物，刚起床时就食用会刺激肠胃。最好在下午三四点吃水果，这有利于营养的吸收利用。还有一些因素影响着水果中维生素C的含量。比如，现代家庭一般都有冰箱，但水果存放的时间越长，维生素C损失就越多。

○维生素A

富含维生素A的水果有桃子、橄榄、西瓜、橘子等。

具有增强免疫力、促进肌肤细胞再生的作用，可以保持皮肤弹性，减少皱纹，预防和治疗青春痘，并可保护眼睛，预防近视和夜盲症。

○维生素C

富含维生素C的水果有柠檬、猕猴桃、木瓜、草莓、荔枝、柚子等。

可增强身体抵抗力，预防感冒，消除疲劳，降低血液中胆固醇的含量，预防血栓的形成，促进新陈代谢，保持皮肤亮白。

○维生素E

富含维生素E的水果有草莓、李子、葡萄等。

可以促进血液循环，降低胆固醇，防治血管硬化及血栓，预防早产及流产。

○钙

富含钙的水果有橄榄、山楂、红枣等。

具有滋阴补肾、壮骨强筋、抗疲劳等功效，可以强健骨骼和牙齿，强化神经系统，防治失眠和骨质疏松。

○铁

富含铁的水果有桑葚、樱桃、栗子、红枣、龙眼等。

可以促进人体发育、抗疲劳，并能预防和改善缺铁性贫血，改善肤色，使皮肤变得红润有光泽。

○钾

富含钾的水果有香蕉、栗子、大枣、猕猴桃、梅子等。

具有降低血压、促进身体新陈代谢的作用，能够提高血液输送氧气的能力，可预防失眠、高血压等症。

○脂肪

含脂肪较多的水果有樱桃、香蕉、菠萝、李子、大枣、山楂等。

具有增强体力、保持体温的作用，而且还可润肠通便。

○蛋白质

富含蛋白质较多的水果有大枣、樱桃、香蕉等。

是形成细胞和血液的主要成分，为人体提供热量，是人体所需的重要营养成分。

2 约会安眠，水果做红娘

失眠是一种常见的病症，包括入睡困难、不能熟睡、入睡后易醒、醒后不易再睡等症状。失眠可引起疲劳倦怠、全身不适、反应迟缓、头痛、记忆力不集中，甚至还会引起精神疾病。食疗是防治失眠最安全的方法，有些蔬菜水果具有很好的镇定、安神效果。若疲劳而难以入睡者，不妨食用苹果、香蕉、橘、橙、梨等一类水果。因为，这类水果的芳香味，对神经系统有镇静作用;水果中的糖分，能使大脑皮质抑制而易进入睡眠状态。所以只要选对食物，就能轻松吃出优质睡眠。

❶ 大枣和莲子

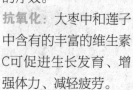

大枣具有补血益气、安心宁神的功效，适用于因气血不足引起的失眠；莲子养心安神，对心悸失眠有很好的疗效。

抗氧化： 大枣中和莲子中含有的丰富的维生素C可促进生长发育、增强体力、减轻疲劳。

❷ 核桃和橄榄

核桃富含优质蛋白质、不饱和脂肪酸和维生素E，非常适合失眠的老年人食用；橄榄所含的营养元素能帮助安神定志。

消除烦躁： 核桃和橄榄中含丰富的B族维生素，它具有消除烦躁不安、促进睡眠的作用。

❸ 龙眼和荔枝

龙眼具有补益心脾、养血安神的功效，特别适合心悸失眠患者食用；荔枝对大脑有补养的作用，能够改善失眠、健忘、疲劳等症状。

放松神经： 镁有镇定作用，而龙眼和荔枝

中镁含量较多，常食可用来治疗神经衰弱、失眠等症状。

❹ 香蕉和葵花子

香蕉含有的色氨酸具有安神的作用，睡前食用可帮助快速进入睡眠；葵花子可治疗失眠、防治贫血、增强记忆力、预防神经衰弱。

促进睡眠： 含丰富色氨酸的香蕉和葵花子可以帮助人体平衡荷尔蒙从而提高睡眠质量。

3 围观增强免疫力的水果

⭘免疫力是人体自身的防御机制

免疫力是人体自身的防御机制，是人体识别和消灭外来侵入的任何异物（病毒、细菌等），处理衰老、损伤、死亡、变性的自身细胞以及识别和处理体内突变细胞和病毒感染细胞的能力。

免疫力低下主要表现在：经常感到疲劳、感冒不断、伤口容易感染、肠胃比较娇气等。

要想增强免疫力，首先要注意膳食结构的营养均衡；其次平时要多喝水、多运动、多休息；第三要少吃甜食、少油脂、少喝酒，戒烟；最后要培养多种兴趣，保持精力旺盛和心理健康。

日常生活中有很多可以增强人体免疫功能的食物，例如富含维生素或胶原蛋白的食品、含有锌元素的食物、食用菌类、蜂产品等。饮食中的适量摄取都可以改善免疫力低下的状况。

❶ 香蕉

香蕉中含有维生素C和维生素B_6，可增

强人体免疫力。

食用宜忌：香蕉性质偏寒，胃痛腹凉、脾胃虚寒的人应少吃。

❷桑葚

桑葚中含有的多种活性成分，可调整机体免疫功能、促进造血细胞的生长、降血糖、降血压。

食用宜忌：桑葚适合成人食用。中老年人及过度用眼者更宜食用。

❸猕猴桃

猕猴桃中的维生素C，可以促进骨胶原的形成；抗氧化物质能够增强人体的自我免疫功能。

食用宜忌：猕猴桃适宜老人食用，对心脏健康很有帮助，还可降低胆固醇。

❹荔枝

荔枝所含的丰富的维生素C和蛋白质，对于增强机体免疫力很有帮助。

食用宜忌：阴虚火旺者慎服。尿病人慎用荔枝。

❺海棠果

海棠果富含多种糖类、维生素和有机酸，可帮助消化饮食，供给人体营养成分，提高人体免疫力。

食用宜忌：海棠味酸，胃溃疡及胃酸过多患者忌食。

❻芦荟

芦荟中的糖类物质，能提高机体免疫力，增强人体免疫功能。芦荟还有抗衰老、抗过敏、强心、利尿作用。

食用宜忌：妊娠和经期的妇女应避免服用芦荟。

4 给自己美丽，盘点天然保养水果

○每个女性都梦想拥有美丽的容颜

每个女性都梦想拥有美丽的容颜、白里透红的皮肤，以及自信迷人的好气色。要实现这个目标，首先要注重养血调经。维生素C、铁元素和叶酸是身体制造血红蛋白所需的重要营养物质，因此经常食用富含这些营养素的食物，可以从根本上保养皮肤、调养气色，塑造天然的美丽。

❶荔枝

上榜理由：荔枝含多种维生素，可以促进血液循环，防止雀斑，令皮肤光滑润泽。

推荐美容方：荔枝醋饮

❷苹果

上榜理由：苹果含多种微量元素和维生素C，常食可使皮肤细腻、光滑、红润，有光泽。

推荐美容方：苹果牛奶面膜

❸樱桃

上榜理由：樱桃含有丰富的铁元素和多种营养元素，常食能美容养颜，使皮肤变得红润、光滑、嫩白。

推荐美容方：樱桃美白面膜

❹番茄

上榜理由：番茄含有丰富的维生素A和维生素C，能强化血管，补血养血，使皮肤柔嫩、红润。

推荐美容方：番茄冬瓜祛痘面膜

❺山楂

上榜理由：山楂含有丰富的维生素B_6，具有美容养颜、促进新陈代谢的作用。

推荐美容方：消脂山楂金橘茶

❻芒果

上榜理由：芒果含有大量的维生素C和维生素E，常食可以润

泽肌肤、美容养颜。

推荐美容方： 芒果飘雪凉饮

❼李子

上榜理由： 李子含有维生素B₁₂，具有促进血红蛋白再生的作用，可改善肌肤，使面色红润、有光泽。

推荐美容方： 李子蛋蜜奶

❽草莓

上榜理由： 草莓富含维生素C，能促进肌肤的新陈代谢，改善黑斑、雀斑、粉刺等肌肤问题。

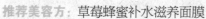

推荐美容方： 草莓蜂蜜补水滋养面膜

5 水果排毒，健康零负担

人体内的毒素主要包括新陈代谢过程中产生的废弃物、肠道内食物残渣的腐败物质，以及由外部环境进入体内的有害物质。水果属于纯天然的食物，其中含有糖类、维生素、淀粉以及多种矿物质，可以满足人体生命活动的正常需要，还可减少肠道脂肪堆积、肠道废物堆积，有助于促进身体的新陈代谢。血液黏稠、体内酸性过高的体质也会得到改善。水果排毒减肥法会用最短的时间给身体做个清洁。平时饮食中多摄入水果，还可降低患乳腺癌、前列腺癌和肺癌的概率。

❶杨梅

杨梅内含丰富的蛋白质、铁、镁和维生素C等多种有益成分，有

养胃健脾、排毒养颜的功效，并能理气活血抗衰老，提高机体免疫力。

杨梅味道鲜美，还可生津止渴、健脾开胃。多食杨梅还可解毒祛寒。

❷火龙果

火龙果是一种低能量、高纤维的水果，水溶性膳食纤维含量非常丰富，具有润肠通便等功效。同时火龙果中还富含植物性白蛋白，它会自动

与人体内的重金属离子结合，通过排泄系统排出体外，从而起到解毒的作用。

卷心菜火龙果汁

制作方法： 取卷心菜100g、火龙果120g、冰糖10g、水适量。火龙果洗净，去皮，切碎块；卷心菜洗净，剥成小片。将上述材料放入榨汁机中，加水、冰糖，打成汁即可。

❸柠檬

柠檬中含有的水溶性维生素C可以改善血液循环，帮助血液排毒。

苹果白菜柠檬汁

制作方法： 苹果洗净，切块；大白菜叶洗净，卷成卷；柠檬连皮切成三块。将其交错放入榨汁机内榨汁，加少许冰块即可。

6 抗辐射水果大特写

电磁辐射是一种重要的能源污染，它不仅会出现在手机上，微波炉、电脑、电视、空调、电褥子等都会放出电磁波。它会产生不同程度的危害，如头痛、失眠、心律不齐等。

○增加抵抗电磁辐射污染能力

现代人对手机、电脑等电器的使用非常频繁，身体健康难以避免地会受到电磁辐射的影响。大量研究表明，防范电磁辐射，除了避免和电磁波"亲密接触"外，日常饮食中对相关营养元素的摄取也能抵

制电磁辐射对机体的危害。一般来说，食物中所含的脂肪酸、维生素以及矿物质都可提高人体对电磁辐射的抵抗力，所以多吃水果和蔬菜，尤其是富含维生素B的食物，有利于调节人体电磁场紊乱状态，增加机体抵抗电磁辐射污染的能力。

❶ 刺梨

刺梨富含的超氧化物歧化酶，是国际公认具有抗衰、防癌作用的活性物质，还具有抗病毒、抗辐射的作用。

❷ 火龙果

火龙果内层的粉红色果皮中含有花青素，它是一种强力的抗氧化剂，能改善视力，抗辐射。

❸ 香蕉

香蕉中含有微量元素硒，经常食用可增强身体对电磁辐射的抵抗能力。

❹ 草莓

草莓中富含维生素C、维生素 E以及多酚类抗氧化物质，可以抵御高强度的辐射，减缓紫外线辐射对皮肤造成的损伤。

❺ 山楂

山楂中的果胶含量是所有水果之首，果胶具有防辐射物的作用，可带走身体内的放射性元素。

❻ 番茄

番茄中含有大量维生素C，还含有具有抗氧化作用的维生素P，可减轻电磁辐射所导致的身体过氧化。

❼ 橘子

橘子含有抗氧化剂成分及较高含量的维生素A和胡萝卜素，可以保护经常使用电脑的人的皮肤。

7 低热量水果系，享"瘦"轻盈

❶ 芦荟

芦荟中含有的芦荟活性因子能够促进脂肪燃烧，并抑制肠道对餐后食物中脂肪的吸收；而芦荟大黄素能起到通便的作用，有效防止脂肪的二次堆积。

❷ 番茄

番茄含丰富的果胶等膳食纤维，让人有饱腹感，有助于消除便秘及促进新陈代谢，对减肥相当有帮助，还能补充人体缺乏的维生素和矿物质。

❸ 樱桃

樱桃是目前被公认具有为人体去除毒素及不洁体液功效的水果，同时有利于肾脏的排毒，且有通便的功用。

❹ 枇杷

枇杷富含粗纤维及矿物元素，它含有

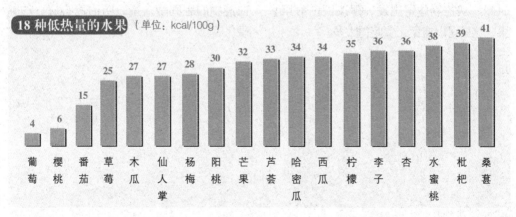

18 种低热量的水果（单位：kcal/100g）

葡萄	樱桃	番茄	草莓	木瓜	仙人掌	杨梅	阳桃	芒果	芦荟	哈密瓜	西瓜	柠檬	李子	杏	水蜜桃	枇杷	桑葚
4	6	15	25	27	27	28	30	32	33	34	34	35	36	36	38	39	41

的丰富的维生素B族，能够促进氧化和全身新陈代谢，帮助促进脂肪分解。

⑤ 葡萄

葡萄果肉中含有丰富的葡萄多酚、单宁等物质，它们能帮助排毒，清理体内环境，加快身体新陈代谢，养成易瘦体质。

⑥ 青木瓜

青木瓜中含有大量的木瓜酵素，它可以分解脂肪，进而去除赘肉，缩小肥大细胞，促进新陈代谢，及时排出多余脂肪，从而达到减肥的目的。

8 抗氧化、防衰老水果的红毯秀

○ 抗衰老，这些水果最有效

衰老受很多因素的影响，而食物营养是最直接、最重要的因素之一。食物(如水果)中含有很多抗衰老的有效成分，利用得当，可以预防心血管疾病、糖尿病和癌症等疾病的发生和发展，促进健康，延长寿命。春夏季节，水果品种丰富，家中可常备一些有抗衰老作用的水果，有效抵抗衰老的步伐。

除个别水果和柿子不宜空腹食用外，大多数水果并不需要严格规定具体食用时间。从控制体重出发，建议饭前食用水果，这样可以避免正餐吃得太多。

① 菠萝

菠萝所含的维生素B_1能减缓衰老，含有的微量元素锰，能促进钙的吸收，预防骨质疏松症。

② 核桃

核桃富含维生素E，具有防治动脉硬化的作用，还能促进血液循环，延缓细胞老化。

③ 松子

松子含有大量的矿物质，能为人体提供丰富的营养元素，可强筋健骨，预防老年痴呆症，最适合老年人食用。

④ 猕猴桃

猕猴桃富含水溶性膳食纤维及果胶，有防治动脉硬化、高血压、便秘等疾病的功效。

⑤ 板栗

板栗含有丰富的不饱和脂肪酸、多种矿物质及维生素，能预防骨质疏松及心血管疾病。

⑥ 花生

花生含有可预防老年痴呆症的卵磷脂，及可延缓衰老的维生素E，使人重返年轻。

⑦ 腰果

腰果含有大量的亚麻油酸和不饱和脂肪酸，可以帮助老年人预防动脉硬化、心血管疾病、脑中风和心脏病。

⑧ 草莓

草莓富含维生素C和维生素E，能降低血液中的胆固醇含量，防治冠心病、动脉硬化等。

根据体质选对蔬果

　　每个人的体质不同，区分是有据可循的，例如，根据体型、面色、舌苔、脉象等区别。那么体质可以通过调理改变吗？答案是肯定的。例如，通过饮食习惯的改变，根据自己的体质喝蔬果汁，都可以达到改变体质的目的。那么就让我们一起了解一下自己属于哪种体质，适合哪些蔬果，再来选择适合自己的蔬果汁吧！

1 平和体质

总体特征：阴阳气血调和，以体态适中、面色红润、精力充沛等为主要特征。

常见表现：面色、肤色润泽，头发稠密有光泽，目光有神，鼻色明润，嗅觉通利，唇色红润，不易疲劳，精力充沛，耐受寒热，睡眠良好，胃纳佳，二便正常，舌色淡红，苔薄白，脉和缓有力。

食养原则："谨和五味"，顺应四时阴阳以维持阴阳平衡，酌量选食具有缓补阴阳作用的食物，以增强体质。

宜吃蔬菜：韭菜、香菜、萝卜、菠菜、黄瓜、丝瓜、冬瓜、大白菜、南瓜、芹菜、春笋、荠菜、油菜、菜花等。

宜吃水果：桃子、李子、杏、梨、樱桃、番石榴、荔枝、木瓜等。

2 气虚体质

总体特征：元气不足，以疲乏、气短、自汗等气虚表现为主要特征。

常见表现：平素语音低弱，气短懒言，容易疲乏，精神不振，易出汗，舌淡红，舌边有齿痕，脉弱。

食养原则：补气养气、益气健脾。

宜吃蔬菜：红薯、南瓜、包菜、胡萝卜、土豆、山药、莲藕等。

宜吃水果：红枣、葡萄干、苹果、龙眼肉、橙子等。

3 阳虚体质

总体特征：阳气不足，以畏寒怕冷、手足不温等虚寒表现为主要特征。

常见表现：平素畏冷，手足不温，喜热饮食，精神不振，舌淡胖嫩，脉沉迟。

食养原则：益阳驱寒、温补脾肾。

宜吃蔬菜：苦瓜、黄瓜、丝瓜、芹菜、竹笋、紫菜、韭菜、南瓜、胡萝卜、山药、黄豆芽等。

宜吃水果：柑橘、柚子、香蕉、西瓜、甜瓜、火龙果、荸荠、柿子、枇杷、甘蔗等。

4 阴虚体质

总体特征：阴液亏少，以口燥咽干、手足心热等虚热表现为主要特征。

常见表现：手足心热，口燥咽干，鼻微干，喜冷饮，大便干燥，舌红少津，脉细数。

食养原则：补阴清热，滋养肝肾。

宜吃蔬菜：冬瓜、丝瓜、苦瓜、黄瓜、菠菜、生莲藕等。

宜吃水果：石榴、葡萄、枸杞、柠檬、苹果、梨子、柑橘、香蕉、枇杷、阳桃、桑葚、罗汉果等。

5 湿热体质

总体特征：湿热内蕴，以面垢油光、口苦、苔黄腻等湿热表现为主要特征。

常见表现：面垢油光，易生痤疮，口苦口干，身重困倦，大便黏滞不畅或燥结，排尿短黄，男性易阴囊潮湿，女性易带下增多，舌质偏红，苔黄腻，脉滑数。

食养原则：宜清淡，少甜食，以温食为主。

宜吃蔬菜：苦瓜、丝瓜、菜瓜、芹菜、荠菜、芥蓝、竹笋、紫菜等。

宜吃水果：西瓜、梨、柿子、猕猴桃、香蕉、甘蔗等。

6 痰湿体质

总体特征：痰湿凝聚，以形体肥胖、腹部肥满、口黏苔腻等痰湿表现为主要特征。

常见表现：面部皮肤油脂较多，多汗且黏，胸闷，痰多，口黏腻或甜，喜食肥甘甜黏，苔腻，脉滑。

食养原则：化痰除湿。

宜吃蔬菜：白萝卜、紫菜、洋葱、包菜、芥菜、韭菜、大头菜、香椿、山药、马铃薯、香菇等。

宜吃水果：枇杷、白果、木瓜、杏、荔枝、柠檬、樱桃、杨梅等。

7 血瘀体质

总体特征：血行不畅，以肤色晦暗、舌质紫黯等血瘀表现为主要特征。

常见表现：肤色晦暗，色素沉着，容易出现瘀斑，口唇黯淡，舌暗或有瘀点，舌下络脉紫暗或增粗，脉涩。

食养原则：活血化瘀。

宜吃蔬菜：油菜、茄子、胡萝卜、韭菜、黑木耳等。

宜吃水果：芒果、木瓜、金橘、橙子、柚子、桃子等。

8 气郁体质

总体特征：气机郁滞，以神情抑郁、忧虑脆弱等气郁表现为主要特征。

常见表现：神情抑郁，情感脆弱，烦闷不乐，舌淡红，苔薄白，脉弦。

食养原则：疏肝理气、行气解郁。

宜吃蔬菜：洋葱、丝瓜、包菜、香菜、萝卜、油菜、刀豆、黄花菜等。

宜吃水果：佛手、橙子、柑橘、柚子、葡萄等。

9 特禀体质

总体特征：先天失常，以生理缺陷、过敏反应等为主要特征。

常见表现：过敏体质者常见哮喘、风团、咽痒、鼻塞、喷嚏等症状；患遗传性疾病者有垂直遗传、先天性、家族性特征；患胎传性疾病者具有母体影响胎儿个体生长发育及相关疾病特征和因素。

食养原则：防过敏，饮食宜清淡。

宜吃蔬菜：红薯、芦笋、卷心菜、花菜、芹菜、茄子、甜菜、胡萝卜、大白菜等。

宜吃水果：木瓜、草莓、橘子、柑子、猕猴桃、芒果、杏、柿子和西瓜等。

榨蔬果汁注意事项

很多人在家自制蔬果汁时感觉蔬果汁口感并不佳，其实，榨蔬果汁是有讲究的。比如榨蔬果汁前一定要做好各种准备工作，尤其要注意如何挑选新鲜的蔬菜和水果，蔬菜和水果是否新鲜直接影响到榨汁的口感；还应注意如何清洗和保存蔬菜和水果等。注意到了这些问题，才能榨出鲜美可口的蔬果汁。

1 正确挑选蔬菜和水果

（1）挑选蔬菜的方法

首先要看它的颜色，各种蔬菜都具有本品种固有的颜色、光泽，显示蔬菜的成熟度及鲜嫩程度。新鲜蔬菜不是颜色越鲜艳越好，如购买干豆角时，发现它的绿色比其他的蔬菜还鲜艳时要慎选。

其次要看形状是否有异常，多数蔬菜具有新鲜的状态，如有萎蔫、干枯、损伤、变色、病变、虫害侵蚀，则为异常形态，还有的蔬菜由于人工使用了激素类物质，会长成畸形。

最后要闻一下蔬菜的味道，多数蔬菜具有清香、甘辛香、甜酸香等气味，不应有腐败味和其他异味。

（2）挑选水果的方法

首先要看水果的外形、颜色。尽管经过催熟的果实呈现出成熟的性状，但是作假只能对一方面有影响，果实的皮或其他方面还是会有不成熟的感觉。比如自然成熟的西

瓜，由于光照充足，所以瓜皮花色深亮、条纹清晰、瓜蒂老结；催熟的西瓜瓜皮颜色鲜嫩、条纹浅淡、瓜蒂发青。人们一般比较喜欢"秀色可餐"的水果，而实际上，"其貌不扬"的水果倒是更让人放心。

其次，通过闻水果的气味来辨别。自然成熟的水果，大多在表皮上能闻到一种果香味；催熟的水果不仅没有果香味，甚至还有异味。催熟的果子散发不出香味，催得过熟的果子往往能闻得出发酵气息，注水的西瓜能闻得出自来水的漂白粉味。再有，催熟的水果有个明显特征，就是分量重。同一品种大小相同的水果，催熟的、注水的水果同自然成熟的水果相比要重很多，容易识别。

2 正确清洗蔬菜和水果

（1）清洗蔬菜有以下几种方法

淡盐水浸泡： 一般蔬菜先用清水至少冲洗3~6遍，然后放入淡盐水中浸泡1小时，再用

清水冲洗1遍。对包心类蔬菜，可先切开，再放入清水中浸泡2小时，再用清水冲洗，以清除残留农药。

碱洗：先在水中放上一小撮碱粉，搅匀后再放入蔬菜，浸泡5~6分钟，再用清水漂洗干净。也可用小苏打代替，但要适当延长浸泡时间到15分钟左右。

用开水泡烫：在做青椒、菜花、豆角、芹菜等时，下锅前最好先用开水烫一下，可清除90%的残留农药。

用日照消毒：阳光照射蔬菜会使蔬菜中部分残留农药被分解、破坏。

据测定，蔬菜、水果在阳光下照射5分钟，有机氯、有机汞农药的残留量会减少60%。方便贮藏的蔬菜，应在室温下放两天左右，残留化学农药平均消失率为5%。

用淘米水洗：淘米水属于酸性，有机磷农药遇酸性物质就会失去毒性。

在淘米水中浸泡10分钟左右，用清水洗干净，就能使蔬菜残留的农药成分减少。

◎（2）清洗水果的方法

清洗水果农药残留的最佳方式是削皮，如柳橙、苹果。若是连皮品尝水果，如阳桃、番石榴，则务必以海绵菜瓜布将表皮搓洗干净，或是将水果浸泡于加盐的清水中约10分钟（清水：盐=500毫升：2克），再以大量的清水冲洗干净。同时由于水果是生食，因此最后一次冲洗必须使用冷开水。

3 正确保存蔬菜和水果

瓜果类蔬菜相对来说比较耐储存，因为它们是一种成熟的形态，是果实，有外皮阻隔外界与内部的物质交换，所以保鲜时间较长。但是，越幼嫩的果实越不耐存放。

以下将为大家介绍各种类型蔬果的保存方法。

叶菜类：最佳保存环境是0℃~4℃，可存放两天，但最好不要低于0℃。

根茎类：最佳保存环境是放在阴凉处，可存放一周左右，但不适合冷藏。

瓜果类：最佳保存环境是10℃左右，可存放一周左右，但最好不要低于8℃。

豆类菜：最佳保存环境是10℃左右，可存放5~7天，但最好不要低于8℃。

有些水果（如鳄梨、奇异果）在购买时尚未完全成熟，此时必须放置于室温下几天，待果肉成熟软化后再放入冰箱冷藏保存。如果直接将未成熟的水果放入冰箱，水果就成了所谓的"哑巴水果"，再也难以软化了。而有些水果（如香蕉）则最好不要放于冰箱冷藏，否则很快就会坏掉。其他大部分水果可放冰箱冷藏5~7天左右。

喝蔬果汁应该注意哪些问题

　　蔬果汁含有丰富的营养成分，很多人都爱喝。但值得注意的是，虽然蔬果汁美味又营养，但是喝蔬果汁前应该注意哪些问题？如何喝蔬果汁更营养？此外，并不是所有人都适合喝蔬果汁。以下内容将为大家详细介绍一些关于喝蔬果汁的注意事项。

1 蔬果汁要注意搭配

　　自制蔬菜水果汁时，要注意蔬菜水果的搭配，有些蔬菜水果含有一种会破坏维生素C的物质，如胡萝卜、南瓜、小黄瓜、哈密瓜，如果与其他蔬菜水果搭配，会使其他蔬菜水果的维生素C受到破坏。不过，由于此物质容易受酸的破坏，所以在自制新鲜蔬菜水果汁时，可以加入像柠檬这类较酸的水果，来预防维生素C被破坏。

2 适量饮用蔬果汁

　　蔬果汁虽然有诸多好处，但也不能过量饮用，人体需要的水分绝大部分应从白开水中摄取。过量饮用蔬果汁，容易衍生各种长期性疾病，使肠胃不适。

3 蔬果汁要尽快在短时间内喝完

　　蔬果汁现榨现喝才能发挥最大效果。新鲜蔬菜水果汁含有丰富维生素，若放置时间长了，会因光线及温度破坏其中的维生素，使得营养价值降低。因此榨果汁不要超过30秒，果汁应在15分钟内喝完。

4 早餐宜喝果汁

　　一般早餐很少吃蔬菜和水果的人，容易缺失维生素等营养元素。在早晨喝一杯新鲜的蔬果汁，可以补充身体需要的水分和营养，醒神又健康。当然，早餐饮用蔬果汁时，最好是先吃一些主食再喝。如果空腹喝酸度较高的果汁，会对胃黏膜造成强烈刺激。

　　中餐和晚餐时都尽量少喝果汁。果汁的酸度会直接影响胃肠道的酸度，大量的果汁会冲淡胃消化液的浓度，果汁中的果酸还会与膳食中的某些营养成分结合，影响这些营养成分的消化吸收，使人们在吃饭时感到胃部胀满，饭后消化不好，肚子不适。而在两餐之间喝点果汁，不仅可以补充水分，还可以补充日常饮食上缺乏的维生素和矿物质，是十分健康的。

5 加盐会使果汁更美味

　　有些水果经过盐水浸泡，吃起来更甜、口感更好，比如哈密瓜、桃子、梨、李子等。俗话说："要想甜，加点盐。"为什么盐能增加水果的甜味？可以这样简单地理解：由于咸与甜在味觉上有明显的差异，当食物以甜味为主时，添加少量的咸味便可增加两种味觉的差距，从而使甜味感增强，即觉得"更甜"。

6 每天一杯蔬果汁可使营养均衡

现代人经常在外就餐，蔬菜水果的摄取量总是不足，造成大多数人的体质偏向酸性，使身体的抵抗力逐渐降低，进而造成各种现代病缠身。每天喝一杯自制的新鲜蔬果汁，可以补充日常饮食上缺乏的维生素与矿物质。

7 使用合适的容器盛放蔬果汁

蔬果汁中的营养成分容易因氧化作用而丧失，也容易受到细菌的污染而变质。如果暂时不喝，最好使用大小和形状适当的密封容器存放，减少与空气和细菌的接触。

8 哪些人不宜喝蔬果汁

（1）肾病患者不宜喝蔬果汁。因为蔬菜中含有大量的钾离子，而肾病患者因无法排出体内多余的钾，如果喝果蔬汁就有可能造成高血钾症，所以肾病患者不宜喝蔬果汁。

（2）糖尿病患者不宜喝蔬果汁。由于糖尿病患者需要长期控制血糖，所以在喝蔬果汁前必须计算其碳水化合物的含量，并将其纳入日常饮食计划中，否则对身体不利。

（3）溃疡患者不宜喝蔬果汁。

（4）急、慢性胃肠炎患者不宜喝蔬果汁。急、慢性胃肠炎患者不宜喝生冷的食物，因此最好不要饮用蔬果汁。

9 如何确保蔬果汁养分不流失

新鲜的蔬果汁含有丰富维生素，若放置时间过长会因光线及温度破坏维生素，营养价值变低。因此蔬果汁要鲜榨现喝才对，只有这样才能发挥最大的效用，因此蔬果汁最好在半小时内喝完。如果不马上喝，可以放入冰箱冷藏，但也不宜冷藏太久，否则营养也会流失。

10 蔬果汁最好不要与牛奶同饮

牛奶含有丰富的蛋白质，而蔬果汁多为酸性，会使蛋白质在胃中凝结成块，吸收不了，从而降低牛奶和果汁的营养价值。

11 蔬果汁尽量少加糖

很多人喜欢在蔬果汁中加糖来增强口感，但这种做法也不完全正确。因为糖分解时会增加B族维生素的损耗及钙、镁的流失，从而降低蔬果汁的营养。所以蔬果汁尽量少加糖。如果制作出来的蔬果汁口感不佳，可以利用香甜味较重的水果如哈密瓜、梨等作为水果搭配，或是酌量加以蜂蜜，同时可以增加维生素B_6的摄取。

12 不宜大口饮用蔬果汁

炎日的夏季，当一杯蔬果汁放在面前时，很多人选择大口快饮，其实这种做法是不对的。正确的做法应该是，要细细品味美味的蔬果汁，一口一口慢慢喝，这样蔬果汁才容易完全在体内吸收，起到补益身体的作用。若大口痛饮，那么蔬果汁中的很多糖分就会很快进入血液中，使血糖迅速上升。

13 不宜用蔬果汁送服药物

不宜用蔬果汁送服药物，因为蔬果汁中的果酸容易导致各种药物提前分解和溶化，不利于药物在小肠内吸收，影响药效。

苹果——一日一苹果，医生远离我

- **性味归经**
- **性凉，味甘、酸。归脾、肺经。**

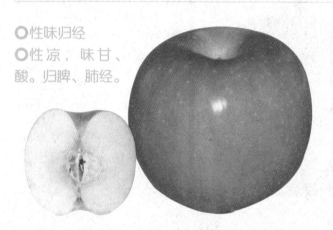

每100克苹果含有：

热量	57kcal
蛋白质	0.1g
碳水化合物	13.4g
膳食纤维	0.5g
维生素：	
A	100mg
C	8mg
E	1.46mg
矿物质：	
钙	11mg
铁	0.1mg

苹果的食用宜忌

苹果适合慢性胃炎、消化不良者，便秘、慢性腹泻、神经性结肠炎患者，高血压和肥胖患者，贫血和维生素缺乏者食用。

肾炎和糖尿病患者不宜多吃苹果。

选购保存

用柔和且薄、大小适宜的白纸将苹果包好。将包好的苹果整齐码放在木箱或纸箱内。为防止磨损，可在箱底和四周垫些纸或草。将装好苹果的箱子放置在0~1℃的地方。

◎ 营养功效

◎ 苹果中含有充足的钾，可与体内过剩的钠结合，并一起排出体外，从而有效地降低血压。

◎ 苹果中含有的多酚及黄酮类物质，是天然的抗氧化剂，可以预防肺癌和铅中毒。苹果特有的香味还可以缓解因压力过大造成的不良情绪，起到提神醒脑的功效。

◎ 苹果中富含粗纤维，能促进肠胃蠕动，帮助人体顺利排出毒素。苹果中还含有大量的镁、硫、铁、铜、碘、锰、锌等微量元素，它们可使皮肤细腻、润滑、红润而有光泽。

梨——润肺止咳疗效好

○性味归经
○性凉，味甘、酸。归肺、胃经。

每100克梨含有：

热量	57kcal
蛋白质	0.7g
脂肪	0.4g
碳水化合物	9.6g
膳食纤维	2.1g
维生素：	
A	100μg
泛酸	0.09mg
叶酸	5μg
烟酸	0.2mg
E	1.46mg
矿物质：	
钙	3mg
钾	115mg

梨的食用宜忌

梨尤其适合咳嗽痰稠或者无痰、咽喉发痒干疼者，慢性支气管炎、肺结核、高血压、心脏病、肝炎、肝硬化、饮酒后或宿醉未醒者食用。

慢性肠炎、胃寒病、糖尿病患者忌食生梨。

选购保存

选购梨时，要看皮色，皮细薄，没有虫蛀、破皮、疤痕和变色，质量比较好。梨失水比较快，贮藏时相对湿度最好保持在90%以上。

🍴 营养功效

○梨含有促进蛋白质消化的酶，可以帮助消化肉类，饭后吃梨可促进胃酸分泌，助消化，增进食欲。

○梨可以有效缓解中毒和宿醉，其性凉，清热镇静，常食用可降低血压，改善头晕目眩的症状。

○梨含有天冬氨酸，这种物质能提升身体对疲劳的抵抗力，是增强体力的有效成分。梨含有糖苷、鞣酸等成分，很适合肺结核患者食用。梨炖冰糖可滋阴润肺，消热，常服用可治咳喘。

山楂——最能健胃消食

○性味归经
○性微温，味酸、甘。
归脾、胃、肝经。

每100克山楂含有：

热量	98kcal
脂肪	1.5g
碳水化合物	20.7g
膳食纤维	2.9g
维生素：	
A	8mg
C	19mg
E	7.32mg
矿物质：	
钙	162mg
钾	299mg

山楂的食用宜忌

脾胃虚弱者不宜多食。山楂片、果丹皮中含有大量糖分，糖尿病患者不宜食用。山楂有破血散瘀的作用，孕妇不宜食用。空腹不宜食用山楂，否则会增强饥饿感，引发胃痛。

选购保存

挑选山楂时，不同品种的山楂以肉厚籽少，酸甜适度为好；同一品种的以果实个大均匀，色泽深红鲜艳，无虫蛀，无僵果者为佳。保存鲜山楂，先擦干其表面的水分，用保鲜袋密封起来，把里面的空气挤出去，放冰箱的冷冻室里。

◎ 营养功效

◎ 山楂含有解脂酶，中医理论中，山楂是消食化滞、收敛止痢、活血化瘀之药。山楂中含有山萜类及黄酮类药物成分，具有显著的扩张血管及降压作用，可增强心肌功能、防治心律不齐、调节血脂及胆固醇含量。

◎ 山楂中还含有牡荆素等化合物，常食山楂有利于防癌。

◎药理试验表明，焦山楂煎剂对各种痢疾杆菌及绿脓杆菌、大肠杆菌、金黄色球菌、炭疽杆菌等均有明显的抑制作用，可用于菌痢的治疗，还可治疗绦虫。

水蜜桃——补益气血的"天下第一果"

○性味归经
○性热，味甘、酸。
归脾、肝、肺经。

每100克水蜜桃含有：

热量	38kcal
蛋白质	0.6g
脂肪	0.2g
碳水化合物	8.8g
膳食纤维	0.5g
维生素：	
A	5mg
B_2	0.03mg
C	9mg
矿物质：	
钙	12mg
钾	144mg

水蜜桃的食用宜忌

　　水蜜桃尤其适合老年体虚、肠燥便秘者、身体瘦弱、阳虚肾亏者食用。内热偏盛、易生疮疖者不宜多吃，婴儿、糖尿病患者忌食。

选购保存

　　水蜜桃的品种比较多，但成熟、好吃的水蜜桃有共性：一是红色的地方斑驳，像水墨画印染的感觉，且有黄色相间；二是散发出自然的清香甘甜。

　　将水蜜桃用保鲜袋包裹，放进冰箱的冷藏箱内或者保鲜箱内，一般可以存放7天。注意：水蜜桃冷冻的时候不要清洗，因为桃子洗过之后会损伤表皮绒毛，这样放进冰箱桃子表皮会变黑。

◎ 营养功效

◎水蜜桃富含蛋白质、钙、磷、铁和维生素B、维生素C及大量的水分，有养阴生津、补气润肺的功效。对慢性支气管炎、支气管扩张症、肺纤维化、肺结核等引起的干咳、咯血、慢性发热、盗汗等症状，起到一定的治疗保健作用。

◎水蜜桃富含胶质物，胶质物可吸收大肠中的多余水分，能达到预防便秘的效果。

◎水蜜桃含铁量较高，是缺铁性贫血病人的理想保健食物。

油桃——兼具苹果和梨风味的无毛桃子

- ○性味归经
- ○性热，味甘、酸。
  归脾、肺经。

每100克油桃含有：

热量	38kcal
蛋白质	0.6g
脂肪	0.2g
碳水化合物	8.8g
膳食纤维	0.5g
维生素：	
A	5mg
B₂	0.03mg
C	9mg
矿物质：	
钙	12mg
钾	144mg

油桃的食用宜忌

油桃的食用宜忌与水蜜桃类似，不同之处在于孕妇、月经过多者忌食油桃。

选购保存

挑选油桃的时候，一是看颜色，尽量挑鲜红色的；二是看手感，好的油桃，握在手里的时候，感觉实实在在的，口感较脆。

油桃较普通桃子更易保存，将其放在常温的室内保存即可，也可用保鲜袋装好，密封，然后冷藏于冰箱中。

🏮 营养功效

◎油桃富含维生素C，可促进身体对铁元素的吸收，能够提高机体免疫力，增强抵抗力。

◎油桃含有促进伤口愈合的胶原成分，可有效促使伤口结巴、愈合，达到修复状态。

◎油桃含有有机酸和纤维素，能促进消化液的分泌，增加胃肠蠕动，增进食欲，利消化。

◎油桃可以补益气血、养阴生津，可辅助治疗缺铁性贫血，是大病后气虚血亏、心悸气短者的营养佳果。

李子——生津润喉的好帮手

○性味归经
○性平，味甘、酸。入肝、肾经。

每100克李子含有：

热量	36kcal
蛋白质	0.7g
脂肪	0.2g
碳水化合物	7.8g
膳食纤维	0.9g
维生素：	
A	25mg
C	5mg
E	0.74mg
矿物质：	
钙	8mg
钾	144mg

李子的食用宜忌

李子适合发热、口渴、肝病腹水者，教师、演员音哑或失声者食用。李子中果酸含量较高，多食伤脾胃，易生痰湿，且损齿。

选购保存

李子要挑选形状饱满、外观新鲜、颜色一致的，果皮有蜡粉的较好。也可以用手捏果子，感觉略有弹性，一般脆甜适度，成熟度适中。李子可直接放到阴凉处保存，也可装入保鲜袋中，密封好后直接放入冰箱贮存。

◎ 营养功效

◎李子中果酸含量较丰富，可促进胃酸和胃消化酶的分泌，促进肠胃蠕动。因此李子有增加食欲，帮助消化的作用，是胃酸缺乏、食后饱胀、大便秘结者的食疗良品。新鲜李子中还含有多种氨基酸，对治疗肝硬化、肝腹水有益。

◎李子核仁中含有苦杏仁甙和大量脂肪油。经过药理证实，它除有显著的利水降压作用外，还可以加快肠道蠕动，促进干燥的大便排出，同时也具有止咳祛痰的作用。

◎据《本草纲目》记载，李子花和于面脂中，有很好的美容作用，可以"去粉滓黑斑"，"令人面泽"，对汗斑、脸生黑斑等有良效。

樱桃——调养气色防贫血

○性味归经
○性温，味甘。归心脾、胃经。

樱桃的食用宜忌

樱桃适合消化不良者，瘫痪、风湿腰腿痛者，体质虚弱、面色无华者食用。

有溃疡症状者、上火者慎食；糖尿病者忌食。

樱桃性温热，热性病及虚热咳嗽者忌食；核仁含氰甙，水解后产生氢氰酸，药用时应小心中毒。

选购保存

选购樱桃时，要选择果实新鲜、色泽亮丽、个大均匀的，千万不要买烂果或裂果，而且最好挑选颜色较为一致的。保存樱桃时要注意：一是不要摘掉樱桃梗，否则容易腐烂；二是不要冷冻，将樱桃放在3℃左右的冰箱中即可，这样能保存3~5天。

◎ 营养功效

◎樱桃富含多种营养元素，尤其含铁量居各种水果之首。因此常食樱桃可补充铁元素，防治缺铁性贫血，增强体质，补益大脑，还有促进血红蛋白再生、润肤、美容防皱等作用。

◎樱桃的药用价值也很高，有补中益气、健脾和胃、祛风湿的功效，可辅助治疗食欲不佳、消化不良，也可适当抑制痛风引起的疼痛及关节炎，并使发炎症消退，还可以用来治疗烧伤、烫伤。此外，樱桃树根有很好的驱虫、杀虫作用。

葡萄——熬夜族的活力源泉

○性味归经
○性平，味甘、酸。归肝，心经。

每100克葡萄含有：

热量	4kcal
蛋白质	0.3g
脂肪	0.4g
碳水化合物	0.2g
膳食纤维	1.8g
维生素：	
A	5mg
C	4mg
矿物质：	
钾	124mg
钙	11mg
磷	7mg
镁	6mg

葡萄的食用宜忌

葡萄的含糖量很高，糖尿病人不宜吃葡萄。

吃葡萄后不要立刻喝水，易引起腹泻。因为葡萄有通便润肠的功效，吃完葡萄立即喝水，胃还来不及消化吸收水就将胃酸冲淡了，葡萄与水、胃酸急剧氧化、发酵，加速了肠道蠕动，就产生腹泻。

选购保存

新鲜的葡萄果梗青鲜，果粉呈灰白色；颗粒饱满，大小均匀，青子和瘪子较少；用手轻轻提起果穗，果粒牢固，落子较少。保存时可以找一个纸箱，箱底垫上两三层纸，然后将葡萄一排排紧密相接地放在箱内，并将箱子放在阴凉处，温度保持在0℃左右，可存放1~2个月。

◎ 营养功效

◎葡萄中含有钙、钾等多种矿物质，尤其是高浓度的复合型铁元素，适合需要恢复体力的病后、产后者和贫血患者食用。

◎葡萄中有较多的酒石酸，对身体大有益处，适当食用能健脾和胃，是消化能力较弱者的理想果品。

◎葡萄含有的葡萄糖特别容易被身体吸收，且能迅速转化为能量，因此对消除大脑或身体疲劳具有立竿见影之效。

◎葡萄中含有的白黎芦醇可以阻止健康的细胞癌变，并能抑制癌细胞扩散。

香蕉——消除疲劳的"快乐水果"

○性味归经
○性寒，味甘。
归脾，大肠经。

每100克香蕉含有：

热量	89kcal
蛋白质	1.5g
脂肪	0.2g
碳水化合物	20.3g
维生素：	
A	56mg
C	3mg
矿物质：	
钾	472mg
钙	32mg
磷	31mg
镁	43mg

香蕉的食用宜忌

香蕉尤其适合大便干燥、痔疮、大便带血者食用。

香蕉性质偏寒，脾胃虚寒、便溏腹泻者不宜多食香蕉。

香蕉糖分高，糖尿病患者不宜多食。香蕉含钾高，急慢性肾炎及肾功能不全者忌食香蕉。

选购保存

选购香蕉时，首先要看颜色，如果表皮颜色鲜黄光亮，两端带青，表示成熟度较好；若果皮全青，则比较生；而果皮变黑的，则过于熟。其次，用手轻轻捏一下，有些硬的就比较生，太软则过熟。

香蕉在冰箱中存放容易变黑，应该把香蕉放进塑料袋里，再放一个苹果，然后尽量排出袋子里的空气，扎紧袋口，再放在家里不靠近暖气的地方，这样香蕉至少可以保存一个星期。

⚘ 营养功效

◎香蕉的水溶性膳食纤维中含有果胶质与欧力多寡糖，能增加肠内乳酸杆菌的数量，促使肠胃蠕动，从而可有效改善便秘等症状。

◎香蕉中所含的维生素B_2与柠檬酸具有互补的效果，它们能形成分解疲劳因子的乳酸和丙酮酸，从而消除疲劳感。

◎香蕉中还含有大量钾元素，可排除体内多余的盐分，而且具有利尿作用，有助于水分的新陈代谢，因此可以消浮肿。

石榴——软化血管降血脂

○性味归经
○性凉，味甘、酸。
归脾、肾、肝经。

每100克石榴含有：

热量	63kcal
蛋白质	1.6g
脂肪	0.2g
碳水化合物	13.7g
膳食纤维	4.7g
维生素：	
A	43mg
C	5mg
矿物质：	
钾	231mg
钙	6mg
磷	70mg

石榴的食用宜忌

石榴尤其适宜口干舌燥、腹泻、扁桃体发炎者食用。

忌多食，以免伤肺损齿。感冒、大便秘结者、急性盆腔炎、尿道炎患者慎食。不可与西红柿、螃蟹、西瓜、土豆搭配同食，若与土豆同时服用，可用韭菜泡水喝以解毒。

选购保存

挑选石榴，首先看是否有光泽，颜色比较亮的石榴比较新鲜；其次掂重量，大小差不多的石榴，比较重的是熟透了的，水分较多；三是表皮是否饱满。

购回石榴后，放入冰箱冷藏即可。

◎ 营养功效

◎石榴的醇浸出物及果皮煎剂，对很多细菌均有明显的抑制作用，尤其是对贺氏痢疾杆菌作用最强。石榴皮煎剂可抑制流感病毒。石榴花晒干为末可用于止血；泡水后洗眼能明目。

◎石榴汁含有多种氨基酸和微量元素，能促进消化，可以抗胃溃疡、软化血管、降血脂和血糖，还可降低胆固醇，同时也可防治冠心病、高血压，具有健胃提神、增强食欲、益寿延年的功效。

猕猴桃——"维C之王"，令皮肤光滑透白

○性味归经
○性寒，味甘、酸。
归胃、膀胱经。

每100克猕猴桃含有：

热量	53kcal
蛋白质	1g
脂肪	0.1g
碳水化合物	13.5g
膳食纤维	2.5g
维生素：	
A	66mg
C	652mg
矿物质：	
钾	144mg
钙	32mg

猕猴桃的食用宜忌

　　脾虚便溏、慢性胃炎、寒湿痢者忌食，痛经、闭经的女性忌食，风寒感冒、小儿腹泻者不宜食用。儿童吃猕猴桃易过敏，据英国一次调查研究显示，5岁以下的儿童最容易产生猕猴桃过敏反应。不良反应包括口喉瘙痒、舌头膨胀，但没有因食用猕猴桃导致死亡的病例报告。

选购保存

　　选购猕猴桃时，应先细致地摸摸果实，然后选择较硬的。已经整体变软或局部变软的果实，都不能久放，因此最好不要购买。此外，体型饱满、无疤痕、果肉呈浓绿色的果实比较好。

　　猕猴桃很耐储存。一般放入冰箱3～4个月都没问题，也可以把猕猴桃放在密封袋子里，放出其中的空气，扎紧开口，然后放到阴凉通风处，可延长保质期。

营养功效

◎猕猴桃中的维生素C，可以促进骨胶原的形成；抗氧化物质能够增强人体的自我免疫功能。猕猴桃中含有谷胱甘，它对癌症基因突变有较强的抑制作用，在一定程度上能有效抑制多种癌细胞的病变。

◎猕猴桃中含有的血清促进素，对稳定情绪、镇静心情有特殊的作用。其中所含的天然肌醇，能促进脑部活动，所以多吃猕猴桃有助于改善情绪。另外，猕猴桃是一种营养和膳食纤维都丰富的低脂肪食品，对美白肌肤、减肥、美容有独特的功效，是爱美人士的最佳水果。

草莓——抗氧化，防早衰的最佳果品

○ 性味归经
○ 性凉，味甘、酸。入脾、肝经。

每100克草莓含有：

热量	25kcal
蛋白质	0.8g
脂肪	0.1g
碳水化合物	5.2g
膳食纤维	5.2g
维生素：	
A	2mg
C	35mg
矿物质：	
钾	170mg
钙	15mg
磷	27mg

草莓的食用宜忌

　　风热咳嗽、咽喉肿痛、声音嘶哑者，夏季烦热口干或腹泻如水者；癌症，特别是鼻咽癌、肺癌、扁桃体癌、喉癌患者尤宜食用。

　　痰湿内盛、肠滑便泻者、尿路结石病人不宜多食。

选购保存

　　选购草莓应以色泽鲜亮、颗粒大、香味浓郁、蒂头带有鲜绿叶片、没损伤的为佳。

　　可以将未清洗的草莓直接用保鲜膜包起来，放在冰箱的冷藏室里。还有一种冰镇的方法：清洗后去蒂，"裹"一层白砂糖，再放到冷冻室里。后一种方法不仅可以保鲜，还能防止草莓的表面划伤。

◎ 营养功效

◎ 草莓含有的胺类物质，对血液类疾病有辅助治疗作用；其所含的天冬氨酸，可以自然平和地清除体内的重金属离子。

◎ 草莓富含丰富的维生素C，可产生骨胶原，帮助铁质的吸收，有抗菌抑癌的功效。草莓富含水溶性膳食纤维与果胶，能降低血液中的胆固醇含量，改善动脉硬化等症。

◎ 草莓能促进肌肤的新陈代谢，是改善黑斑、雀斑、粉刺等肌肤问题的良药。

桑葚——养心益智的皇家御用补品

○性味归经
○性寒，味甘。归心、肝、肾经。

每100克桑葚含有：

热量	41kcal
蛋白质	1.6g
脂肪	0.4g
碳水化合物	9.6g
膳食纤维	3.3g
维生素：	
A	19mg
C	22mg
E	12.78mg
矿物质：	
钙	30mg
锌	1.33mg

桑葚的食用宜忌

桑葚尤其适合肝肾阴血不足者，少年发白者，病后体虚、体弱、习惯性便秘者食用。体虚便溏者不宜食用桑葚，儿童也不宜大量食用。

选购保存

选购桑葚时，以个大、肉厚、色紫红、糖分足者为佳，不要选择紫中带红，颜色较浅的，一般这种桑葚味道较酸。

为使桑葚保持新鲜和原有的味道，需直接放进冰箱内冷藏。

◎ 营养功效

◎桑葚中的脂肪酸具有分解脂肪、降低血脂、防止血管硬化的作用。其中的多种活性成分，可调整机体免疫功能、促进造血细胞生长、降血糖、降血压。

◎桑葚还有滋阴补血、益肝肾、养阴血的作用，可以应用于血虚肠燥便秘，阴血不足的眩晕、失眠等症。

◎桑葚中含有丰富的天然抗氧化成分维生素C、β-胡萝卜素、硒、黄酮等，可有效清除自由基，常用于抗衰老、生发方面。

◎桑葚中还含有一种叫白藜芦醇的物质，它对预防癌症和血栓性疾病有一定作用。

木瓜——丰胸抗肿瘤的"百益果王"

○性味归经
○性温，味酸。
归肝、脾经。

每100克木瓜含有：

热量	27kcal
蛋白质	0.4g
脂肪	0.1g
碳水化合物	6.2g
膳食纤维	0.8g
维生素：	
A	145mg
C	50mg
叶酸	44mg
矿物质：	
钾	18mg
钙	17mg
磷	12mg
镁	9mg

木瓜的食用宜忌

　　适宜慢性萎缩性胃炎、消化不良、肥胖、风湿筋骨痛、跌打损伤患者，以及缺奶的产妇。孕妇和过敏体质者应慎食。不宜和海螺、虾搭配食用，否则会引起腹疼、头晕或食物中毒。

选购保存

　　选购木瓜，应挑选果实长椭圆形，颜色绿中带黄，果皮光滑洁净，果蒂新鲜，气味香甜，有重量感的。成熟的木瓜果肉很软，不易保存，购回后要立即食用。若不是马上食用，则可选购尚未熟透的果实。

◎ 营养功效

◎木瓜中含有大量的水分、碳水化合物、蛋白质、脂肪、维生素以及多种人体所必需的氨基酸，能够充分补充人体的养分，增强身体抵抗疾病的能力。其中特有的木瓜酵素，能够帮助消化蛋白质，促进人体对食物的消化和吸收，从而起到健脾消食、清心润肺的功效。

◎木瓜中还含有凝乳酶，可通乳；含有木瓜碱和木瓜蛋白酶，可杀虫除病，抗淋巴性白血病，缓解痉挛疼痛。

◎木瓜也可防治肾炎、便秘，能促进人体的新陈代谢和抗衰老，同时还有护肤养颜的功效。

荔枝——美容祛斑又补脑

○ **性味归经**
○ 性温，味甘、酸。归肝、脾经。

每100克荔枝含有：

热量	61kcal
蛋白质	0.7g
脂肪	0.6g
碳水化合物	13.3g
膳食纤维	0.5g
维生素：	
A	2mg
C	36mg
矿物质：	
钙	6mg
钠	1.7mg
铁	0.5mg

荔枝的食用宜忌

产妇、老人及病后调养者尤其适宜食用；贫血、胃寒、身体虚弱者宜食。
咽喉干疼、牙龈肿痛者忌食；糖尿病患者忌食；鼻出血者应忌食。

选购保存

选购荔枝时，以色泽鲜艳、个大均匀、鲜嫩多汁、皮薄肉厚、气味香甜的为佳。质量好的荔枝轻捏时手感发紧且有弹性。如果荔枝外壳的龟裂片平坦、缝合线明显，表示味道会很甜。

荔枝可以装进塑料袋内，放置在阴凉处储藏，也可以放在冰箱冷冻保存。

◎ 营养功效

◎荔枝含有丰富的糖分，具有补充能量、增加营养的作用。研究证明，荔枝对大脑有补养的作用，能够改善失眠、健忘、疲劳等症状。其中所含的丰富的维生素C和蛋白质，有助于增强机体免疫力，提高抗病能力。

◎荔枝对B型肝炎病毒表面抗原有抑制作用，还能使血糖下降，降低肝糖含量，可应用于治疗糖尿病。

◎荔枝有消肿解毒、止血止痛、开胃益脾和促进食欲的功效。对身体虚弱，病后津液不足者，可作为补品食用。

火龙果——具有美容保健双重功效

○性味归经
○性凉，味甘。
归胃、大肠经。

每100克火龙果含有：

热量	50kcal
蛋白质	1.4g
脂肪	0.3g
碳水化合物	11.8g
膳食纤维	1.9g
维生素：	
A	18mg
C	7mg
矿物质：	
钙	6mg
硒	3.36mg
磷	29mg
锌	2.28mg

火龙果的食用宜忌

　　妇女身体虚冷，宜少吃，饭后饮用火龙果汁比较适宜。痢疾者，不宜用鲜品，胃寒者，不宜多食。糖尿病人宜少量食用火龙果。

选购保存

　　购买火龙果时，要选择那些外观光滑亮丽，果身饱满，颜色深紫红，大小均匀，略发软的，可以用手秤秤每个火龙果的重量，一般认为越重的越好，代表汁多、果肉丰满。

　　火龙果是热带水果，最好现买现吃。可放入冰箱冷藏，5℃～9℃的低温中，保存期可超过一个月。

◎ 营养功效

◎火龙果中富含一般蔬果中较少有的植物性白蛋白，它会自动与人体内的重金属离子结合，通过排泄系统排出体外，从而起到解毒的作用。此外，白蛋白对胃壁还有保护作用。

◎火龙果富含维生素C，可以消除氧自由基，美白皮肤。火龙果中水溶性膳食纤维含量非常丰富，有减肥、降低胆固醇、润肠、预防大肠癌等功效。

◎火龙果中花青素含量较高。花青素是一种效用明显的抗氧化剂，它有抗氧化、抗自由基、抗衰老的作用，还具有抑制脑细胞变性、预防痴呆症的作用。

蓝莓——人类五大健康食品之一

○性味归经
○性凉，味酸、甘。
归心、大肠经。

每100克蓝莓含有：

热量	49kcal
蛋白质	0.5g
脂肪	0.1g
碳水化合物	12.9g
膳食纤维	3.3g
维生素：	
A	9mg
C	9mg
矿物质：	
钙	8mg
磷	9mg
镁	5mg

蓝莓的食用宜忌

蓝莓尤其适合心脏功能不佳和心脏病患者食用。新鲜蓝莓有轻泻作用，腹泻患者勿食。

选购保存

挑选蓝莓时，以果实紧致、干性、饱满、表皮细滑，相对来说不带树叶和梗的为佳。一般成熟蓝莓的果实应该在深紫色和蓝黑色之间。红色的蓝莓并没有成熟，但可以用于菜肴中。

新鲜蓝莓不宜保存，最好冷藏。成功冷藏的秘诀是放入冷柜之前不要清洗，保持充分干燥。用塑料保鲜膜把盛放蓝莓的盘子完全裹住，真空包装，再覆盖上一个塑料袋，然后放入冰箱的冷冻层中。

◎ 营养功效

◎蓝莓中含有花青素，具有活化视网膜的功效，可以强化视力，防止眼球疲劳。

◎蓝莓能够抗氧化，对人体上皮细胞有增生作用，从而可以达到美容养颜的功效。蓝莓较强的抗氧化能力可减少人体代谢副产物自由基的生成，延缓衰老。

◎蓝莓中果胶和维生素C含量很高，能有效降低胆固醇、增强心脏功能、防止动脉粥样硬化，预防癌症和心脏病，防止脑神经衰老，增进脑力，促进心血管健康。

橘子——天然的抗氧化剂

○性味归经
○性温，味酸。归脾、
胃、肺经。

每100克橘子含有：

热量	42kcal
蛋白质	0.8g
脂肪	0.4g
碳水化合物	8.9g
膳食纤维	1.4g
维生素：	
A	277mg
C	33mg
P	350mg
矿物质：	
钙	35mg
磷	18mg
镁	16mg

橘子的食用宜忌

　　风寒咳嗽、痰饮咳嗽者不宜食用橘子。肠胃功能欠佳者，不宜吃太多橘子。一次吃太多橘子容易"上火"，促发口腔炎、牙周炎等症。橘子不宜与螃蟹、獭肉、槟榔同食。

选购保存

一看：大小和颜色。橘子个头以中等为最佳；通常颜色越红，熟得越好，味道越甜。
二摸：光滑程度。甜酸适中的橘子大都表皮光滑，且上面的油胞点比较细密。
三捏：测试弹性。皮薄肉厚水分多的橘子都会有很好的弹性，捏一下会立刻弹回原状。
　　取半盆凉水，加入两小勺小苏打，搅匀，放入橘子，浸泡10分钟，取出，自然晾干，然后放进塑料袋里，袋口扎紧，再放进冰箱。
　　将大蒜去皮、拍碎，制成蒜末，加热水，使其均匀融合。待蒜汁热水冷却后，放入橘子，浸泡30秒后捞出，自然晾干，可在10℃左右的环境中储存。

◎ 营养功效

◎橘子营养价值较高，还具有理气化痰、润肺清肠、补血健脾等功效，能帮助消化、除痰止咳、理气散结，可促进伤口愈合，对败血病等有良好的辅助治疗效果。
◎橘子中含有生理活性物质橘皮苷，可降低血液黏滞度，减少血栓的形成，因此对脑血管疾病也有较好的预防作用。

橙子——美容养颜的疗疾佳果

○ **性味归经**
○ **性微凉，味甘酸。**
归胃、肺经。

每100克橙子含有：

热量	47kcal
蛋白质	0.8g
脂肪	0.2g
碳水化合物	10.5g
膳食纤维	0.6g
维生素：	
A	27mg
C	33mg
P	500mg
矿物质：	
钙	20mg
磷	22mg
镁	14mg

橙子的食用宜忌

饭前或空腹时不宜食用。吃橙子前后1小时内不要喝牛奶，因为牛奶中的蛋白质遇到果酸会凝固，影响消化吸收。不宜一次吃得过多，吃完应及时刷牙漱口，以免对口腔牙齿有害。

选购保存

选购橙子时，可用湿纸巾在橙子表面擦一擦，如果上了色素，会在纸上留下颜色。橙子并不是越光滑越好，进口橙子往往表皮破孔较多，比较粗糙，而经过"美容"的橙子非常光滑，几乎没有破孔。

将橙子放在装有马尾松针状的纸盒中，密封，放在干燥通风处，可保存三个月。

◎ 营养功效

◎橙子中丰富的维生素C和维生素P，善疏肝理气，能增强机体抵抗力，增加毛细血管弹性，还能将脂溶性有害物质排出体外。经常食用有益人体，还有醒酒功能。维生素C还可抑制胆结石的形成，因此常食橙子可降低胆结石的发病率。橙子所含的果胶能帮助尽快排泄脂类及胆固醇，具有降低血脂的作用。

◎橙子中的黄酮类物质具有抗炎症、强化血管和抑制凝血的作用，与较强抗氧化性的类胡萝卜素，都可抑制多种癌症的发生。橙皮中含有较多的胡萝卜素，有止咳化痰的功效。

柚子——易于保存的天然水果罐头

○性味归经
○性凉，味甘。
归肺、脾经。

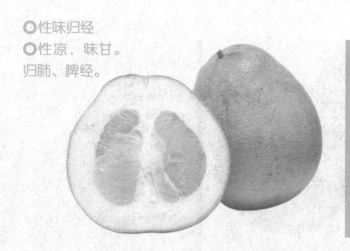

每100克柚子含有：

热量	41kcal
蛋白质	0.8g
脂肪	0.2g
碳水化合物	9.1g
膳食纤维	0.4g
维生素：	
A	2mg
C	110mg
P	480mg
矿物质：	
钙	12mg
磷	24mg

柚子的食用宜忌

痰多气喘、咳嗽者，慢性支气管炎、胃病、心脑肾病患者宜食。

脾虚便溏者慎食，在服药期间，需忌食柚子。服用抗过敏药时吃柚子，轻则会出现头昏、心悸、心律失常等症状，严重的会导致猝死。

选购保存

选购柚子，首先可以闻一下，熟透了的柚子，味道芳香；第二，按压果实外皮，若果皮下陷，没有弹性，则质量较差。最好选择上尖下宽的标准型，表皮须薄而光润，并且色泽呈淡绿或淡黄色。

如要购买沙田柚，需要观察柚子底部是否有一个淡土红色的线圈，有圈的就是沙田柚。

⊙ 营养功效

○柚子具有增强体质的功效，它能帮助身体吸收更多的钙及铁质。柚子所含的天然叶酸，可以预防贫血症的发生，并促进胎儿发育，因此特别适合孕妇食用。

○柚子的果肉中含有非常丰富的维生素C以及类胰岛素等成分，具有降低血液中胆固醇的含量、降血糖、降血脂、减肥、养颜等功效，经常食用，对高血压、糖尿病、血管硬化等疾病都有辅助治疗作用。

○柚子对败血症等有良好的辅助治疗效果，长期食用能促进伤口愈合。

葡萄柚——降压，解毒，助消化

○性味归经
○性寒，味甘、酸。归脾、肺经。

每100克葡萄柚含有：

热量	41kcal
蛋白质	0.8g
脂肪	0.2g
碳水化合物	9.1g
膳食纤维	0.4g
维生素：	
A	2mg
C	110mg
P	480mg
矿物质：	
钙	12mg
磷	24mg

葡萄柚的食用宜忌

高血压、心血管疾病者更宜食用。但是葡萄柚会影响高血压药物的代谢，所以服用葡萄柚的患者应多监测血压。

选购保存

选购葡萄柚，一要看颜色，颜色饱满的，其果汁含量丰富，且新鲜；二要拍打，选择果实坚实、紧致的，这样的葡萄柚成熟得最好，同时也新鲜。通常，葡萄柚放置室温下保存即可，不必放入冰箱冷藏。

◎ 营养功效

◎葡萄柚中含有钾，却不含钠，而且还含有能降低血液中胆固醇的天然果胶，因此是高血压和心脑血管疾病患者的最佳食疗水果。

◎葡萄柚中含有的维生素C可参与人体胶原蛋白合成，促进抗体的生成，以增强机体的解毒功能。

◎葡萄柚中的酸性物质可以帮助增加消化液，借此可以促进消化功能，而且也使得营养更容易被吸收。

◎葡萄柚还能帮助人体吸收钙和铁质，这是两种维持人体正常代谢所必需的重要矿物质。葡萄柚还含有天然叶酸，可以预防服用避孕药的妇女及孕妇贫血和减少生育畸形婴儿的概率。

柠檬——最有药用价值的"神秘药果"

○性味归经
○性平，味酸、辛。
归脾、胃、肺经。

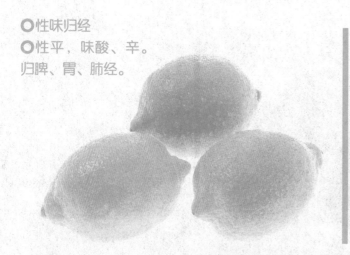

每100克柠檬含有：

热量	35kcal
蛋白质	1.1g
脂肪	1.2g
碳水化合物	4.9g
膳食纤维	1.3g
维生素：	
A	4mg
C	40mg
P	560mg
矿物质：	
钙	101mg
磷	22mg
镁	37mg

柠檬的食用宜忌

暑热口干烦躁、消化不良者，维生素C缺乏者，胎动不安的孕妇，肾结石患者，高血压、心肌梗死患者适宜食用。

胃溃疡、胃酸分泌过多，患有龋齿者和糖尿病患者慎食。

选购保存

挑选柠檬应以色泽鲜亮滋润、果形正常、果蒂新鲜完整、果面清洁、无褐色斑块及其他疤痕、果皮较薄、果身无萎蔫现象、捏起来比较厚实、有浓郁的柠檬香者为佳。

完整的柠檬在常温下可以保存一个月左右。食后剩余的柠檬可用保鲜纸包好放进冰箱。如果想储存更久些，可把切片后的柠檬放入密封容器，加入蜂蜜放入冰箱即可。

◎ 营养功效

◎柠檬味酸，入肝，开胃健脾，生津止渴，可做夏天清凉饮料，适量的汁加冷开水及白糖服用，可消暑生津，除烦安神。柠檬对食欲不佳、维生素C缺乏症、中暑烦渴、暑热呕吐等有明显效果。

◎柠檬的强烈酸味源于其所含的维生素C与柠檬酸，它们都具有美白肌肤的功效，能有效促进皮肤的新陈代谢，预防黑斑或雀斑的生成。

◎柠檬中含有的柠檬酸，不仅可以止血，还具有缓解肌肤疲劳的作用。生食还可安胎止呕，所以柠檬是最适合女性的水果。

菠萝——增进食欲助消化

○ 性味归经
○ 性平，味甘。
入胃、肾经。

每100克菠萝含有：

热量	42kcal
蛋白质	0.4g
脂肪	0.3g
碳水化合物	9g
膳食纤维	0.4g
维生素：	
A	33mg
C	24mg
矿物质：	
钾	147mg
钙	18mg
磷	28mg

菠萝的食用宜忌

过敏体质禁吃菠萝。菠萝内含有一种特殊的菠萝蛋白酶，正常人摄入这种蛋白酶，一般不会引起过敏反应，而某些过敏体质的人很有可能对菠萝蛋白酶敏感，会激发机体产生速发性变态反应，通常在食用菠萝后10分钟至1小时内发生。

选购保存

选购菠萝时，应选择个大饱满，皮黄中带青，色泽鲜艳，硬度适中，香味足，汁多味甜的。

成熟的菠萝皮色黄而鲜艳，果眼下陷较浅，果皮老结易剥，果实饱满味香，口感细嫩。若皮色青绿，手按有坚硬感，果实无香味，口感酸涩，则尚未成熟。

未削皮的菠萝可在常温下保存，已经削皮的可以用保鲜膜包好放在冰箱里，但最好不要超过两天，吃时用盐水浸泡一下。

☺ 营养功效

◎菠萝中含有丰富的柠檬酸和菠萝蛋白酶，能软化肉类，促进胃液分泌，帮助消化，并促进营养吸收。菠萝蛋白酶还具有消炎、消肿和分解肠内腐败物质的作用，因此有利尿、局部抗炎、消水肿的功效。

◎菠萝所含的维生素B能减缓衰老、消除疲劳。菠萝含有的微量矿物质——锰，能促进钙的吸收，预防骨质疏松症。

◎菠萝所含的菠萝蛋白酶、生物苷能使血凝块消退，抑制血凝块形成。对冠状动脉和脑动脉血栓引起的心脏病有缓解作用。

芒果——养颜明目的百搭水果

○性味归经
○性凉，味甘、酸。
归脾、胃经。

每100克芒果含有：

热量	32kcal
蛋白质	0.6g
脂肪	0.2g
碳水化合物	7g
膳食纤维	1.3g
维生素：	
A	1342mg
C	23mg
P	120mg
矿物质：	
钙	15mg
磷	11mg
镁	14mg

芒果的食用宜忌

　　皮肤病、肿瘤、糖尿病患者需忌食。过敏体质的人食用芒果容易引起皮炎，要慎食。饱饭后不可食用，不可与大蒜等辛辣食物同食。

选购保存

　　选购芒果时，一般以果粒较大，果色鲜艳均匀，表皮无黑斑、无伤疤者为佳。首先闻味道，好的芒果味道浓郁；其次掂重量，较重的芒果水分多，口感好；第三，轻按果肉，不要选择太硬或者太软的，近蒂头处感觉硬实、富有弹性的成熟度刚刚好。另外，变颜色、腐烂的芒果千万不要食用。

　　芒果并不适合放在冰箱里冷藏，否则会加速其变质。可将芒果用报纸包好，然后放在凉爽通风的地方贮存。

◎ 营养功效

◎芒果能健脾开胃，防止呕吐，增进食欲，有祛痰止咳作用，而且还具有益胃、解渴、利尿、清肠胃的功效，对于晕车、晕船有一定的止吐作用，可用于治慢性胃炎、消化不良、呕吐等症。

◎芒果中含有大量维生素，常食可滋润肌肤，美容养颜。其中维生素A的含量极高，有很好的明目作用。

◎芒果中的大量维生素A、芒果酮酸、异芒果醇酸等三醋酸和多酚类化合物，具有抗癌作用。芒果汁可增加胃肠蠕动，排除体内垃圾，常食芒果对防治结肠癌有很大益处。

阳桃——茶余酒后最适宜

○性味归经
○性味归经：性凉，味甘、酸。入肺、心、小肠经。

每100克阳桃含有：

热量	30kcal
蛋白质	0.7g
脂肪	0.1g
碳水化合物	7.5g
膳食纤维	1.8g
维生素：	
A	12mg
C	27.2mg
矿物质：	
钙	5mg
铁	0.6mg
钠	0.7mg
锌	0.5mg

阳桃的食用宜忌

阳桃适合一般人食用，尤其适合患有心血管疾病或肥胖的人食用。

阳桃每次不宜多吃，1~2个为宜。

阳桃性寒，凡是脾胃虚寒者或有腹泻的人应少食。

选购保存

选购阳桃时应挑选外观清洁，果敛肥厚，果色较金黄，棱边青绿，且富光泽有透明感觉的。如果棱边变黑，皮色接近橙黄，表明已熟透多时；皮色太青的则可能过酸。阳桃买回来后，装在塑料袋里，放在阴凉通风处即可，不要放进冰箱，放在冰箱比较容易产生褐变。

⊙ 营养功效

◎阳桃中含有丰富的糖类、维生素C及有机酸，果汁充沛，能迅速为人体补充水分，生津止渴，并能使体内的热或酒毒随小便排出体外，消除疲劳感。大量的有机酸还可以提高胃液的酸度，促进食物的消化。

◎阳桃中的营养成分能减少机体对脂肪的吸收，可降低血脂和胆固醇，对高血压、动脉硬化等心血管疾病有预防作用。同时还可保护肝脏，降低血糖。

◎阳桃含有大量的挥发性成分、胡萝卜素类化合物、糖类、有机酸及维生素B、C等，可消除咽喉炎症及口腔溃疡，防治风火牙痛。

哈密瓜——沙漠里的"瓜中之王"

○性味归经
○性寒，味甘。
归心、胃经。

每100克哈密瓜含有：

热量	34kcal
蛋白质	0.5g
脂肪	0.1g
碳水化合物	7.7g
膳食纤维	0.2g
维生素：	
A	153mg
C	35mg
矿物质：	
钠	26.7mg
钙	4mg
磷	19mg
硒	1.1mg

哈密瓜的食用宜忌

一般人群均可食用哈密瓜，尤其适合肾病、贫血、胃病、便秘、咳嗽痰喘患者食用。

哈密瓜性凉不宜多吃，以免引起腹泻。腹胀、脚气病、便溏、黄疸、寒性咳喘患者应慎食。产后、病后的人不应多食，糖尿病患者要慎食。

选购保存

选购时，首先看颜色，应选择色泽鲜艳的，成熟的哈密瓜色泽比较鲜艳；其次闻瓜香，成熟的有瓜香，未熟的无香味或香味较小；第三，摸软硬，成熟的坚实而微软，太硬的没熟，太软的则过熟。

如果买回来的哈密瓜还没有完全熟透，最好将其置于常温下保存。若是切开后不能立即食用，则要先去除果皮和籽，用保鲜膜包好后放入冰箱的冷藏室内。但是需要注意的是不能冷却时间过长，否则口感会受到影响。

☺ 营养功效

○哈密瓜的主要成分包括果糖、葡萄糖和蔗糖在内的糖类，人体吸收这些糖的速度很快，食用后即可获得能量，迅速增强活力。

○哈密瓜所含的胡萝卜素是一种较强的抗氧化物，可预防白内障及肺癌、乳癌、子宫颈癌、结肠癌的发生。哈密瓜还能促进人体的造血机能，可以作为贫血患者的食疗补品。

○哈密瓜还可消除浮肿，清热通便，利尿解渴，用于发热、水肿、便秘等症。

香瓜——消暑热，解烦渴

○性味归经
○性寒，味甘。
归心、胃经。

每100克香瓜含有：

热量	92.9kcal
蛋白质	10g
脂肪	0.4g
碳水化合物	0.1g
膳食纤维	0.2g
维生素：	
A	0.4mg
C	0.3 mg
矿物质	
钠	139mg
钙	0.07mg
磷	14mg
硒	0.09μg

香瓜的食用宜忌

香瓜瓜蒂有毒，生食过量，容易中毒。凡脾胃虚寒、腹胀便溏者忌食香瓜。有吐血、咯血病史患者，胃溃疡及心脏病者宜慎食香瓜。香瓜不宜与田螺、螃蟹、油饼等共同食用。

选购保存

选购时可以轻压香瓜底部，越硬代表越不成熟，甜度不高，但比较脆；底部越软的，越成熟，甜度也较高，读者可依照自己喜好做选择。还可以试着闻闻香瓜底部的香气是否浓郁，香味越浓郁的香瓜越成熟、甜度也越高。

成熟的香瓜可存放于冰箱中，直到食用为止。太硬的甜瓜可在常温下放几天，直到它变软，绿色变为金黄色为止。需要注意的是因为香瓜的头部和底部较薄，压久了容易坏，所以放置时应将其侧放。

◎ 营养功效

◎香瓜鲜食，可清热解暑，止咳润燥，消除口臭，其中含有维生素A、维生素C及钾元素，具有很好的利尿和美容作用。

◎香瓜中含有的葫芦素具有抗癌作用，能防止癌细胞扩散，还含有能有效镇咳祛痰的成分，具有促进消化的作用，对便秘也有效果。

◎香瓜子可治肠痈、肺痈；香瓜蒂外用可治急性黄疸型传染性肝炎、鼻炎、鼻中瘪肉。

西瓜——纯净安全的"瓜中之王"

○性味归经
○性寒，味甘。归胃、心、膀胱经。

每100克西瓜含有：

热量	34kcal
蛋白质	0.5g
碳水化合物	8.1g
膳食纤维	0.2g
维生素：	
A	180mg
C	10mg
矿物质：	
钠	2.3mg
铁	0.2mg
硒	0.08mg
锌	0.05mg

西瓜的食用宜忌

口腔溃疡病人不宜多吃西瓜。若口腔溃疡者多吃西瓜，会使口腔溃疡复原所需要的水分被过多排出，从而加重阴虚和内热，使病程绵延，不易愈合。

选购保存

1.观色听声。熟瓜表面光滑、花纹清晰、纹路明显、底面发黄，用手指弹瓜可听到"嘭嘭"声。2.看瓜柄。瓜柄呈绿色的，是熟瓜。3.看头尾。两端匀称，脐部和瓜蒂凹陷较深、四周饱满的是好瓜。4.用手掂。有空飘感的，是熟瓜。5.观形状。瓜体整齐匀称的为好瓜。

保存西瓜，要选择成熟度适中、外表无损伤的带蒂西瓜，放在阴凉通风处，用细绳把瓜蒂扎成弯曲状，每天用干净毛巾擦拭瓜皮，以堵塞瓜皮上的气孔，达到保鲜的目的。也可把西瓜直接放进冰箱冷藏。

⊙ 营养功效

○西瓜含有的蛋白酶能把不溶性蛋白质转为可溶性蛋白质，增加肾炎患者身体内的养分，并含有能使血压降低的物质，所以对肝硬化腹水或慢性肾炎引起的浮肿均有利水消肿的作用。

○西瓜含有钾与瓜氨酸，有较强的利尿作用，对高血压、动脉硬化、膀胱炎有治疗效果。

○西瓜皮性味甘凉，可消暑、生津止渴。西瓜还有美容养颜的功效，新鲜的西瓜汁和鲜嫩的瓜皮都可增加皮肤弹性，减少皱纹，为皮肤增加光泽。

韭菜——健胃整肠 · 保温内脏

○性味归经
○性温，味辛、甘。入肾、
胃、肝经。

每100克韭菜含有：

热量	26kcal
蛋白质	2.4g
碳水化合物	4.6g
膳食纤维	1.4g
维生素：	
A	235μg
C	24mg
矿物质：	
钠	8.1mg
铁	1.6mg
硒	1.38μg
锌	0.43mg

韭菜的食用宜忌

　　一般人群均能食用，适宜便秘或寒性体质的人食用，适宜产后乳汁不足的女性。

　　韭菜易引起上火，阴虚火旺者不宜多食。韭菜不易消化，胃肠虚弱的人不宜多食。患有眼病者不宜多食。

选购保存

　　韭菜虽然一年四季皆有，但冬季到春季所出产的韭菜，叶肉薄且柔软，夏季出产的韭菜则叶肉厚且坚实。选购时要选择韭叶上带有光泽，用手抓起时叶片不会下垂，结实而新鲜水嫩的。

　　绿色叶子的蔬菜，如菠菜、油菜、小白菜、韭菜等，宜现吃先买，装保鲜袋放冰箱里一般能存放2天。另外，这些菜在保存之前不要洗，洗完了一般只能保存一天。

◎ 营养功效

◎韭菜中的蒜素能提升促进糖类新陈代谢的维生素B_1在肠内的吸收利用率，而且还具有强烈的抗菌性，对大肠杆菌、金黄色葡萄球菌、痢疾杆菌及伤寒杆菌均有抑制杀灭作用，可以保温内脏，活化身体各种功能。

◎如果想要增强体力，食用韭菜最能发挥效果。维生素B_1与含丰富蛋白质的猪肉、内脏等副菜搭配食用后，能更好地发挥作用，防止夏热病的产生。

◎韭菜含有丰富的维生素类。一束韭菜的β-胡萝卜素刚好是一天所需的摄取量，不过维生素C则为一天所需摄取量的1/3，维生素E含量也是1/3，因此韭菜堪称极优秀的食品。这些营养成分会综合运作其功效，可以改善冰冷症，预防感冒，健胃，整肠，消除眼睛疲劳及身体疲劳，顾名思义"起阳草"的确是相当适合韭菜的名称。

胡萝卜——益肝明目 · 利膈宽肠

○性味归经
○性微温，味甘、辛。入脾、
肺经。

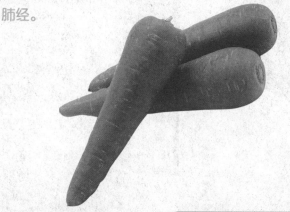

每100克胡萝卜含有：

热量	37kcal
蛋白质	1.0g
碳水化合物	8.8g
膳食纤维	0.2g
维生素：	
A	688μg
C	23mg
矿物质：	
钠	85.4mg
铁	0.5mg
硒	1.02μg
锌	0.17mg

胡萝卜的食用宜忌

一般人都可食用，适宜癌症、高血压、夜盲症、干眼症、营养不良、食欲不振、皮肤粗糙的人食用。

酒与胡萝卜不能同食，否则胡萝卜素与酒精同时被吸收，会在肝脏中产生毒素，从而导致肝病。萝卜主泻，胡萝卜为补，所以二者也不宜同食。

选购保存

胡萝卜以形状坚实、颜色为浓橙色、表面光滑的为佳品。选购时，通常挑选表皮、肉质和心柱均呈橘红色，且心柱细的。此外，粗细整齐、大小均匀、不开裂的胡萝卜口感较好。

用冰箱保存胡萝卜，不要清洗，用保鲜膜包好冷藏即可。如果没有冰箱，可以用塑料袋把胡萝卜装起来，把口封好，放在阴凉的地方。

◎ 营养功效

◎胡萝卜素在体内会变化成维生素A，从而提高身体的抵抗力，抑制导致细胞恶化的活性氧等。作为一种抗氧化剂，它具有抑制氧化及保护机体正常细胞免受氧化损害的防癌作用。

◎胡萝卜素具有造血功能，补充人体所需的血液，从而改善贫血或冰冷症。同时胡萝卜中含有丰富的钾，具有降血压的作用，特别适合高血压和冠心病患者食用。

◎胡萝卜还有补肝明目的作用，可治疗夜盲症，也可强健黏膜或皮肤，因此在美容方面也具有相当大的功效。

◎胡萝卜还含有丰富的食物纤维，吸水性强，在肠道中体积容易膨胀，可促进肠道的蠕动，能发挥整肠的功效。胡萝卜根富含营养，可健胃助消化，常食能防止维生素A缺乏引起的疾病。种子为驱蛔虫药，也可做肾脏病的利尿剂。

菠菜——补血润肠 · 滋阴平肝

○性味归经
○性凉，味甘。入大肠、胃经。

每100克菠菜含有：

热量	24kcal
蛋白质	2.6g
碳水化合物	4.5g
膳食纤维	1.7g
维生素：	
A	487μg
C	32mg
矿物质：	
钠	85.2mg
铁	2.9mg
硒	0.97μg
锌	0.85mg

菠菜的食用宜忌

菠菜软滑易消化，适合老幼病弱者食用；糖尿病人吃菠菜有利于血糖保持稳定；适宜高血压、便秘、贫血、皮肤粗糙者及过敏者食用。

不可与韭菜同食，同食有滑肠作用，易引起腹泻。不可与蜂蜜同食，否则易引起心痛。不可与牛肉同食，否则易令人发热动火。

菠菜中含有草酸，而草酸易溶于水，因此在食用菠菜前，宜先将菠菜放入开水中焯一下，这样可以有效除去80%的草酸，然后或炒，拌或做汤更好。

选购保存

选购时要挑选叶片坚实，整株茂密，叶小茎短，根部带有红色的菠菜。
保存时，可以用保鲜膜包好放在冰箱里，宜两天内食用。

⬠ 营养功效

◎植物中所含的铁质被称为非血红素铁，与动物中所含的铁质（血红素铁）相比较，具有吸收率不高的缺点。因此，要促进铁元素的吸收就必须同时摄取蛋白质、柠檬酸、维生素C。而菠菜中含有能提升铁质吸收的维生素C，只要搭配蛋白质就可提高吸收率。

◎菠菜中β-胡萝卜素的含量在所有蔬菜中排第二位。β-胡萝卜素具防癌效果，这种β-胡萝卜素属于脂溶性维生素，因此要有效摄取到养分，就必须与油脂或含油脂的食品一起摄取。此外，它与维生素C和E组合成的营养组合，能击退活性氧，预防癌症和延缓衰老。

◎常吃菠菜，可以使人体维持正常视力和上皮细胞的健康，防止夜盲，抵抗传染病，预防口角溃疡、口唇炎、舌炎、皮炎、阴囊炎及促进儿童生长。

洋葱——理气和胃 · 发散风寒

○性味归经
○性温，味辛。入心、脾、胃经。

每100克洋葱含有：

热量	39kcal
蛋白质	1.1g
碳水化合物	9.0g
膳食纤维	0.9g
维生素：	
A	3μg
C	8mg
矿物质：	
钠	4.4mg
铁	0.6mg
硒	0.92μg
锌	0.23mg

洋葱的食用宜忌

适宜与猪肝、猪肉或鸡蛋搭配食用，具有很好的营养保健功效。

适合高血压、动脉硬化、糖尿病、急慢性肠炎及消化不良者食用。

每次不宜食用过多，否则易引起目视不清和发热的症状。患有皮肤瘙痒以及胃病的人应少吃。

选购保存

选购洋葱时，以外皮干燥有脆性、形状漂亮、体积圆滚、头部尖细的为佳品。此外，一定要选择没有开口、坚硬的洋葱，不宜购买发芽和变霉的洋葱。

储存洋葱前，要确保洋葱外表上没有水分，先把洋葱在阳光下曝晒一天，期间翻动几次，使洋葱干燥的比较均匀。干燥后的洋葱可以装入网袋挂在阴凉通风处。

◎ 营养功效

◎洋葱含有丰富的营养，其气味辛辣，具有祛风散寒的作用。洋葱辛辣的气味来自洋葱鳞茎和叶子中所含的一种油脂性挥发物质，这种物质具有较强的杀菌能力，可以抗痰，抵御流感病毒。

◎洋葱辛辣的气味还能刺激胃、肠及消化腺分泌，增进食欲，促进消化，而且洋葱不含脂肪，还可降低胆固醇，是一种良好的治疗消化不良、食欲不振的蔬菜。

◎洋葱是目前所知唯一含前列腺素A的蔬菜。前列腺素A具有扩张血管、降低血液黏度的作用，可以降血压、预防血栓的形成，因此高血压、高脂血症和心脑血管病人都适宜吃洋葱。

◎洋葱中含有很多微量元素，尤其是所含的钙质，能提高人体骨密度，有助于防治骨质疏松症，而硒元素则具有防癌、抗衰老的作用。

菜花——健脑壮骨 · 补肾填精

○ 性味归经
○ 性平，味甘。入脾、胃、肾经。

每100克菜花含有：

热量	24kcal
蛋白质	2.1g
碳水化合物	4.6g
膳食纤维	1.2g
维生素：	
A	5mg
C	61μg
矿物质：	
钠	31.6mg
铁	1.1mg
硒	0.73μg
锌	0.38mg

菜花的食用宜忌

　　适宜食欲不振、消化不良、心脏病、中风患者、生长发育期的儿童。菜花与西红柿同食可健胃消食、生津，菜花与鸡肉同食，可预防乳腺癌。

　　不宜与猪肝搭配，菜花中的醛糖酸基与猪肝中的铁、锌等微量元素反应，维生素C氧化，失去原来的功效，也会降低人体对微量元素的吸收。

选购保存

　　选购菜花时，应选择呈白色或淡乳白色，干净、坚实、紧密，而且叶子部分保留，紧裹花蕾的菜花，同时叶子应新鲜、饱满呈绿色。低温及缺氧能降低菜花的呼吸强度，因此，可用保鲜膜包住菜花，直立放入冰箱的冷藏室内保存，可保鲜一周。

☺ 营养功效

◎从含量来看，在未烹调的状态下100克菜花中含有61毫克的维生素C，而且菜花中的维生素C，不会因加热而流失。维生素C对病毒具有抵抗力，能防癌，创造美丽肌肤，具有强健身体的功效。此外，要注意的地方是菜花中的维生素C位于根茎部位，要善加利用，才能确保维生素C的摄取量。

◎菜花还有一个不容忽视的地方就是含有丰富的食物纤维。食物纤维具有消除便秘、整肠、防癌的作用。除此之外，菜花还能分解及排泄胆固醇，促进酵素运动，抑制导致动脉硬化发生的因素，增加血液中的过氧化脂肪。此外，菜花中的维生素K具有强化骨骼的作用。

◎菜花中还含有蔗糖、果糖等糖类，因此口味甘甜。现代研究发现，菜花中含有具抗癌作用的异硫氰酸酯，因此越来越受到人们的瞩目。

油菜——活血化瘀 · 宽肠通便

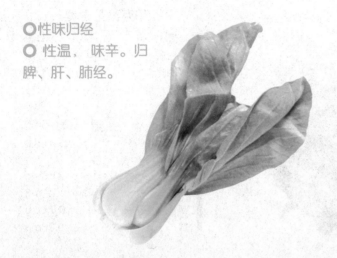

○**性味归经**
○ 性温，味辛。归脾、肝、肺经。

每100克油菜含有：

热量	23kcal
蛋白质	1.8g
碳水化合物	3.8g
膳食纤维	1.1g
维生素：	
A	103μg
C	36mg
矿物质：	
钠	55.8mg
铁	1.2mg
硒	0.79μg
锌	0.33mg

油菜的食用宜忌

一般人均可食用，适宜口腔溃疡、口角湿白、齿龈出血、牙齿松动、瘀血腹痛、癌症患者食用。

疥痘、目疾患者、小儿麻疹后期、疥疮、狐臭等慢性病患者要少食；孕妇不宜多吃。过夜的熟油菜不宜吃，易造成亚硝酸盐沉积，引发癌症。

选购保存

要挑选新鲜、油亮、无虫、无黄叶的嫩油菜，如果用两指轻轻一掐即断的油菜就比较嫩。此外，还要仔细观察菜叶的背面有无虫迹和药痕，应选择无虫迹、无药痕的油菜。

保存油菜，要带着根，且不要洗，摆放整齐用白纸包好，放到冰箱里，接近0℃可存放三周左右。

☺ 营养功效

◎油菜属于黄绿色蔬菜的代表，其营养特征为含有非常丰富的钙质，这种钙质以100克的小油菜量来计算的话，就可摄取到一天所需量的1/2左右，能强健骨骼或牙齿，而且还具有缓和压力的作用。

◎以100克油菜来计算β-胡萝卜素，就可摄取到一天所需量的75%。β-胡萝卜素能强健皮肤与黏膜，维持免疫功能，抑制黏膜产生癌症，而且与维生素E组合的话，还能提升抑制癌症的能力。

◎油菜含大量的植物纤维素，有促进肠道的蠕动、缩短粪便在肠腔内停留的时间等作用，另外，油菜有增强肝脏的排毒机制、缓解便秘及预防肠道肿瘤的功效。

◎油菜是低脂肪蔬菜，其中含的膳食纤维能与胆酸盐和食物中的胆固醇及甘油三酯结合从粪便排出，可减少脂类的吸收并降血脂。

马铃薯——和胃健中 · 解毒消肿

○ 性味归经
○ 性平，味甘。归胃、大肠经。

每100克马铃薯含有：

热量	76kcal
蛋白质	2.0g
碳水化合物	17.2g
膳食纤维	0.7g
维生素：	
A	5μg
C	16mg
矿物质：	
钠	2.7mg
铁	0.8mg
硒	0.78μg
锌	0.37mg

马铃薯的食用宜忌

　　一般人群均可食用，适宜脾胃气虚、营养不良、胃及十二指肠溃疡、癌症、高血压、动脉硬化、习惯性便秘患者食用。

　　已经长芽的马铃薯禁止食用，以免中毒。消化不良者，不宜多食。

选购保存

　　马铃薯的盛产季节为秋季到初冬。无论选购何种马铃薯，都应挑选形状丰满、表面无伤痕或皱纹的为佳。切记不可挑选外皮呈现绿色或发芽的马铃薯。

　　土豆是常见的家常蔬菜，很多人喜欢吃，保存的时候要注意方法：1.在放土豆的袋子里放1个苹果，因为苹果会散发出一种"乙烯气体"，可以减缓土豆的"发育"。2.土豆怕冻，要放在纸箱里，离寒冷的地方远点。

😊 营养功效

◎马铃薯的主要成分为淀粉，同时还含有丰富的蛋白质、B族维生素、维生素C等，能很好地促进脾胃的消化。此外，它还含有大量膳食纤维，能帮助机体及时排泄，起到宽肠通便、预防肠道疾病的作用。

◎马铃薯含大量有特殊保护作用的黏液蛋白，能使消化道、呼吸道以及关节腔保持润滑，因此可以预防心血管系统的脂肪沉积，保持血管的弹性，从而有利于预防动脉粥样硬化的发生。

◎马铃薯富含钾元素，可以将盐分排出体外，降低血压，消除水肿。同时马铃薯还是一种碱性蔬菜，可以保持体内酸碱平衡，因此具有美容和抗衰老的作用。

◎马铃薯对消化不良和排尿不畅有很好疗效，也是治疗胃病、心脏病、糖尿病、习惯性便秘、皮肤湿疹等病症的优质保健食物。

黄瓜——消肿解毒 · 清热利尿

○**性味归经**
○**性凉，味甘。归脾、胃、大肠经。**

每100克黄瓜含有：

热量	15kcal
蛋白质	0.80g
碳水化合物	2.90g
膳食纤维	0.50g
维生素：	
A	15mg
C	9mg
矿物质：	
钠	4.90mg
铁	0.50mg
硒	0.38mg
锌	0.18mg

黄瓜的食用宜忌

热病、肥胖、水肿、高血压、癌症、嗜酒的人宜多吃。糖尿病人首选的食品之一。

不宜加碱或高热煮后食用。不宜和辣椒、菠菜、芹菜同食，破坏维生素C。不宜与花菜、小白菜、西红柿、柑橘同食，不宜与花生搭配食用，易引起腹泻。

选购保存

选购时，要挑选新鲜水嫩、有弹力、深绿色、较硬，而且表面有光泽，带花，整体粗细一致的黄瓜。那种粗尾、细尾、中央弯曲的变形小黄瓜，则属于营养不良或有其他障碍问题的品种，风味不佳。

冰箱保存黄瓜，不要清洗，用保鲜膜包好即可。若购买的黄瓜较多，可以码放在篮子里，然后将篮子放在阴凉通风处。

◎ 营养功效

◎黄瓜是在完全酷热的环境中栽种而成，因此最符合夏季蔬菜的称号，自古以来在东方医疗上就被用来作为降低体温、改善夏季食欲不振的食疗佳蔬。

◎黄瓜中含有水分及钾，能发挥利尿与消解浮肿的作用。

◎钾还能将盐分排出体外，防止血压上升，促进肌肉运动。夏天容易排出大量的汗水，钾会随汗水一起流失，这是形成夏热病的主要因素，因此应积极摄取钾营养素，多吃黄瓜就可以及时补充身体所需的钾元素。

◎黄瓜所含的维生素B_1有增强大脑和神经系统功能、辅助治疗失眠等作用。黄瓜中还含有丰富的维生素E，可起到延年益寿、抗衰老的作用。黄瓜中的黄瓜酶，有很强的生物活性，能有效地促进机体的新陈代谢。

苦瓜——解毒明目 · 补气益精

○性味归经
○性寒，味苦。入心、脾、胃经。

每100克苦瓜含有：

热量	19kcal
蛋白质	1.0g
碳水化合物	4.9g
膳食纤维	1.4g
维生素：	
A	17μg
C	56mg
矿物质：	
钠	2.5mg
铁	0.7mg
硒	0.36μg
锌	0.36mg

苦瓜的食用宜忌

适宜糖尿病、癌症、痱子患者。适宜与辣椒搭配，可健美、抗衰老。

不宜与虾同食，二者结合成的"草酸钙"，人体无法吸收。苦瓜不宜与豆腐、芝麻酱、胡萝卜、黄瓜、南瓜搭配食用。苦瓜性凉，脾胃虚寒者不宜多食。

选购保存

挑选苦瓜时，要观察苦瓜上果瘤，颗粒越大越饱满，表示瓜肉越厚；颗粒越小，瓜肉则越薄。好的苦瓜一般洁白漂亮，如果苦瓜发黄，就代表已经过熟，果肉柔软不够脆，已失去应有的口感。

保存苦瓜时，可以用保鲜膜将其包裹储存，这样可以减少苦瓜表面水分散失，并避免柔嫩的苦瓜被擦伤。

⑤ 营养功效

◎苦瓜中含有各种营养物质，每100克苦瓜中含有56毫克维生素C，仅次于辣椒，是瓜类蔬菜中含维生素C较高的一种，能有效预防维生素C缺乏病、动脉粥样硬化等疾病。

◎苦瓜中的苦瓜甙和苦味素能增进食欲，健脾开胃；苦瓜甙所含的生物碱类物质奎宁，可利尿活血、消炎退热、清心明目。

◎苦瓜中大量的蛋白质及维生素C能加强免疫细胞杀灭癌细胞的作用，提高机体的免疫功能。而且苦瓜籽中含有的胰蛋白酶抑制剂，可以抑制癌细胞所分泌出来的蛋白酶，阻止恶性肿瘤生长，所以苦瓜是一种预防癌症的极佳蔬菜。

◎苦瓜中含有类似胰岛素的物质，具有良好的降血糖作用，适合于糖尿病患者食用；其所含的纤维素和果胶，可加速胆固醇在肠道的代谢与排泄，有降低胆固醇、刺激胃肠蠕动、防治便秘的作用。

莲藕——散淤解渴·改善肠胃

○ 性味归经
○ 性凉，味辛、甘。归肺、胃经。

每100克莲藕含有：

热量	70kcal
蛋白质	1.9g
碳水化合物	16.4g
膳食纤维	1.2g
维生素：	
A	3μg
C	44mg
矿物质：	
钠	44.2mg
铁	1.4mg
硒	0.39μg
锌	0.23mg

莲藕的食用宜忌

一般人群皆可食用，适宜老幼妇孺、体弱多病、食欲不振、缺铁性贫血、营养不良、吐血、高血压、肝病患者食用。

藕性偏凉，产妇不宜过早食用。脾胃消化功能低下、大便溏泄者不要生吃藕。

选购保存

选购莲藕时，要选择切口处水嫩新鲜，表面光泽，无伤痕、无褐变现象，而且每节之间的距离长且粗，藕孔小的。如果藕孔中带红或出现茶色黏液，就表示已经不新鲜了。

保存鲜藕的方法，先把藕洗净，然后选择适当的容器，把藕放进去后，加清水至没过藕，每隔1~2天换水一次，可保鲜1个月。

◎ 营养功效

◎莲藕中的维生素C可以与蛋白质一起发挥效用，能结合各种细胞，促进骨胶原的生成，起到强健黏膜的作用。

◎莲藕中含有丰富的食物纤维，并且还发现了维生素B_{12}，这种维生素能预防贫血、协助肝脏的运动。

◎莲藕切开，过段时间切口处就会产生褐变，这是因为其含有丹宁的缘故。丹宁具有消炎和收敛的作用，可以改善肠胃疲劳。因此如果想要改善肠胃发炎或溃疡的症状时，在莲藕不加热的状态下直接榨汁生饮，就能获得很好的效果。莲藕还含有黏蛋白的一种糖类蛋白质，能促进蛋白质或脂肪的消化，因此可以减轻肠胃负担。

◎藕节含鞣质，有较好的收敛作用，对血小板减少性紫癜有一定疗效，也是著名的止血药，对血热引起的出血也有疗效。另外藕粉调补脾肾，滋肾养肝，补髓益血，止血。

冬瓜——利水消炎 · 除烦止渴

○性味归经
○性微寒，味甘、淡。入肺、大肠、小肠、膀胱经。

每100克冬瓜含有：

热量	11kcal
蛋白质	0.4g
碳水化合物	2.6g
膳食纤维	0.7g
维生素：	
A	13μg
C	18mg
矿物质：	
钠	1.8mg
铁	0.2mg
硒	0.22μg
锌	0.07mg

冬瓜的食用宜忌

　　一般人都可食用，缺乏维生素C者宜多吃。适合肾脏病、糖尿病、高血压、冠心病、水肿、肝硬化腹水、癌症、动脉硬化、肥胖患者食用。

　　冬瓜性寒，脾胃虚寒者要慎用；久病与体寒怕冷者应忌食。

选购保存

　　挑选冬瓜时，应选择皮色青绿，带白霜，形状端正，表皮无斑点和外伤，且皮不软、不腐烂的。挑选时可用指甲掐一下，表皮硬，肉质紧密，种子已成熟变成黄褐色的冬瓜口感比较好。

　　一般我们在市场上购买的冬瓜都是切开的，如果吃不完该如何保存呢？可以选择一张与冬瓜切面大小相同的干净白纸平贴在上面，用手抹平贴紧，可以存放3天仍新鲜。也可以用保鲜膜贴上，存放时间会更长。

◎ 营养功效

◎冬瓜种子含有脂肪油、腺嘌呤、蛋白质、糖类、维生素B_1、维生素B_2、菸酸及葫芦巴碱等成分，有清热化痰、消痈利湿作用。

◎冬瓜中膳食纤维含量高达0.7%，具有改善血糖水平、降低体内胆固醇、降血脂、防止动脉粥样硬化的作用。冬瓜中富含丙醇二酸，能有效控制体内的糖类转化为脂肪，还能把多余的脂肪消耗掉，防止体内脂肪堆积，对防治高血压、减肥有良好的效果。

◎有防治癌症效果的维生素B_1和抗癌功能的硒在冬瓜子中含量相当丰富，另外冬瓜中的粗纤维，还能刺激肠道蠕动，使肠道里积存的致癌物质尽快排出体外。

◎冬瓜还有美容的作用，是比较受妇女喜欢的蔬菜之一。冬瓜子中的油酸，可以抑制体内黑色素的沉积，具有良好的润肤美容功效。

生菜——清热爽神 · 清肝利胆

○ 性味归经
○ 性凉，味甘。归小肠、胃经。

每100克生菜含有：

热量	13kcal
蛋白质	1.3g
碳水化合物	2.0g
膳食纤维	0.7g
维生素：	
A	298μg
C	13mg
矿物质：	
钠	32.8mg
铁	0.9mg
硒	1.15μg
锌	0.27mg

生菜的食用宜忌

一般人群均可食用，老少皆宜。夏季宜多食。

生菜性寒凉，尿频、胃寒的人应少吃。不要与山药、甘遂同食，不可与碱性药物同服。

选购保存

买球形生菜要选松软叶绿、大小适中的，硬邦邦的口感差；买散叶生菜时，要选大小适中、叶片肥厚适中、叶质鲜嫩、叶绿梗白且无蔫叶的，并且要看看根部，中间有突起的苔，说明生菜老了。

保存生菜时，先将菜心摘除，然后用湿润的纸巾塞入菜心处，让生菜吸收水分，等到纸巾较干时将其取出，再用保鲜袋包裹放入冰箱冷藏。

🏵 营养功效

◎生菜中含有丰富的膳食纤维和维生素C，有消除多余脂肪的作用，故又叫减肥生菜。对于爱美、希望保持苗条身材的女性来说，将生菜洗净，直接加入适量沙拉酱调匀食用是个不错的选择。

◎因其茎叶中含有莴苣素，故味微苦，具有镇痛催眠、降低胆固醇等功效，可辅助治疗神经衰弱等症，每天食用对身体健康有益处。生菜所含有的维生素还具有防止牙龈出血以及维生素C缺乏等功效。

◎生菜中含有甘露醇等有效成分，能刺激消化，增进食欲，有驱寒、消炎、利尿和促进血液循环的作用。

◎生菜还含有一种"干扰素诱生剂"，可刺激人体正常细胞产生干扰素，从而产生一种"抗病毒蛋白"抑制病毒。此外，其叶绿素中的铜钠盐具有抗癌变性能，能有效防止癌变。

南瓜——补中益气 · 降糖止渴

○ 性味归经
○ 性温，味甘。归脾、胃经。

每100克南瓜含有：

热量	22kcal
蛋白质	0.7g
碳水化合物	5.3g
膳食纤维	0.8g
维生素:	
A	148μg
C	8mg
矿物质:	
钠	0.8mg
铁	0.4mg
硒	0.46μg
锌	0.14mg

南瓜的食用宜忌

一般人群均可食用，尤其适宜肥胖、糖尿病患者和中老年人食用。

南瓜性温，胃热炽盛、湿热气滞的人要少吃，患有脚气、黄疸病的人须忌食。

选购保存

南瓜的盛产季节为初秋时期。选购时，同样大小体积的南瓜，要挑选较为重实，且呈现深绿色的。如果要购买已剖开的南瓜，则要选择果肉深黄色、肉厚、切口新鲜水嫩不干燥的。

南瓜易保存，将其放在阴凉干燥通风处，可保存一个月。切开后，可将南瓜子去掉，用保鲜袋装好后放入冰箱冷藏保存。

⬡ 营养功效

◎黄色的南瓜果肉含有丰富的β-胡萝卜素，它能强健肌肤与黏膜，能提高身体的抵抗力，具有缓解眼睛疲劳的功效。

◎南瓜中的维生素C与β-胡萝卜素可在体内合成对感染症有抵抗作用的物质。如果从夏天起就充分食用南瓜，那就不怕冬天感冒病毒的侵袭了。

◎南瓜种子含脂肪、蛋白质、尿酶、维生素A、维生素B、维生素C等成分。种子含有脂肪油，若服食大量粉剂，有食欲减退、腹泻等作用，但可自行消失。南瓜种子是有效的驱虫药，也可防治血吸虫病。

◎南瓜中所含的维生素C，可防止硝酸盐在消化道中转变成致癌物质亚硝胺，可预防食管癌和胃癌。南瓜中含有的甘露醇，具有较好的通大便作用，可以减少粪便中毒素对人体的危害，对于预防结肠癌有一定功效。

青椒——温中散寒 · 开胃消食

○ 性味归经
○ 性热，味辛。归心、脾经。

每100克青椒含有：

热量	22kcal
蛋白质	1.0g
碳水化合物	5.4g
膳食纤维	1.4g
维生素：	
A	57μg
C	72mg
矿物质：	
钠	3.3mg
铁	0.8mg
硒	0.38μg
锌	0.19mg

青椒的食用宜忌

一般人群皆可食用，宜与牛羊肉、鱼类同食，可除去肉类膻腥味。

眼疾患者忌食，食管炎、胃肠炎、胃溃疡、痔疮患者应少吃，火热病症或阴虚火旺、高血压、肺结核患者慎食。

选购保存

购买青椒时，要选择外形饱满、色泽浅绿、有光泽、肉质细嫩、气味微辣略甜，用手掂感到有分量的。

一次购买的青椒较多，可以用竹筐存放。筐底及四周用纸垫好，放入青椒包严实，放在阴凉通风处，隔五天翻动一次，可保鲜一个月。

◎ 营养功效

◎青椒中含有丰富的维生素，其中维生素C的含量为西红柿的四倍。维生素C是生成骨胶原的材料，具有消除疲劳的重要功效。而且青椒中还含有能促进维生素C吸收的维生素P，因此就算加热，维生素C也不易流失。

◎维生素P还能强健毛细血管，预防动脉硬化与胃溃疡等疾病的发生。由于夏天容易出汗，维生素C的消耗量较大，因此我们可以经常吃青椒，以摄取充足的维生素C。青椒含有芬芳辛辣的辣椒素，能增进食欲、帮助消化。

◎青椒还含有丰富的维生素K，可以防治维生素C缺乏病，对牙龈出血、贫血、血管脆弱有积极的治疗意义。

◎青椒的绿色部分来自叶绿素，叶绿素能防止肠内吸收多余的胆固醇，能积极地将胆固醇排出体外，从而达到净化血液的作用。

芹菜——平肝凉血 · 利水消肿

O**性味归经**
O性凉，味甘。归肝、
胃、肺经。

每100克芹菜含有：

热量	20kcal
蛋白质	1.2g
碳水化合物	4.5g
膳食纤维	1.2g
维生素：	
A	57μg
C	8mg
矿物质：	
钠	159mg
铁	1.2mg
硒	0.57μg
锌	0.24mg

芹菜的食用宜忌

适合高血压、动脉硬化、高血糖、缺铁性贫血、经期妇女食用。

芹菜性凉质滑，脾胃虚寒、大便溏薄者不宜多食。血压偏低者也要慎食，芹菜与鸡肉、兔肉、黄瓜、南瓜、黄豆等相克，不宜同时食用。

选购保存

选购芹菜，一看颜色，好的芹菜色泽鲜绿或洁白。颜色浓绿的芹菜生长期间干旱缺水，生长迟缓，粗纤维多，不宜购买；二是看芹菜茎，光滑、松脆、长短适中，分枝脆嫩易折；三是看芹菜叶，应翠绿而稀少，无黄叶。

购买的芹菜一次吃不完，可以用绳捆好，用保鲜袋或保鲜膜将茎叶包严，然后将芹菜根部朝下竖直放入清水里，水没过芹菜根部5厘米，这样可以使芹菜保持一周内不老不蔫。

◎ 营养功效

◎芹菜是辅助治疗高血压病及其并发症的首选食物，而且对于血管硬化和神经衰弱患者也有辅助治疗的作用，并且食用芹菜叶效果更佳。

◎芹菜中铁含量较高，能补充妇女经血的损失，非常适宜缺铁性贫血患者食用。

◎芹菜还含有利尿的有效成分，能利尿消肿。

◎芹菜浑身都是宝，叶、茎含有挥发性物质，别具芳香，可以增强人的食欲；芹菜汁具有降血糖的功效；芹菜子中有一种碱性成分，对人有安神的作用。

◎气候干燥时，人们容易感到口干舌燥、气喘心烦，经常吃芹菜有助于清热解毒，消除烦躁。尤其肝火过盛，皮肤粗糙及经常失眠、头疼的人可适当多吃些。

◎芹菜是高纤维食物，具有抗癌防癌的功效，经常食用还可以预防结肠癌。

芥菜——解毒消肿·利气温中

○ 性味归经
○ 性温，味辛。归胃经。

每100克芥菜含有：

热量	16kcal
蛋白质	1.8g
碳水化合物	2.0g
膳食纤维	1.2g
维生素：	
A	283μg
C	72mg
矿物质：	
钠	29mg
铁	1mg
硒	0.53μg
锌	0.45mg

芥菜的食用宜忌

一般人群均可食用，特别适合眼科患者。

新鲜芥菜不能与鲫鱼、鳖肉同食，腌制后的芥菜，高血压、血管硬化的病人应少食。内热偏盛及患有热性咳嗽患者少食，疮疡、痔疮、便血者也不宜食用。

选购保存

芥菜有好几种。青芥，又叫刺芥，像白菘路，菜叶上有柔毛。大芥，也叫皱叶芥，叶子大而有皱纹，颜色深绿，味比青芥更辛辣。

大芥菜的外表有点像包心菜。挑选时，应选择包得比较饱满，且叶片肥厚，看起来很结实的大芥菜。叶用芥菜要选择叶片完整，没有枯黄及开花现象者为佳。芥菜不易腐坏，以纸张包裹后放在冰箱可保存一周。

◎ 营养功效

◎ 芥菜中含丰富的维生素。一棵芥菜中维生素C的含量是每日建议摄取量的1.5倍。而维生素E的含量也超过每日建议摄取量的10%。这两种维生素都有增强人体免疫力的作用。

◎ 芥菜还有解毒消肿之功效，同时能抗感染和预防疾病的发生，促进伤口愈合，可用来辅助治疗感染性疾病。

◎ 芥菜富含维生素A、维生素B族和维生素D，在这些维生素的共同作用下，可止痛生肌，促进十二指肠溃疡的愈合。芥菜所含的胡萝卜素有明目的作用，可作为眼科患者的食疗佳品。

◎ 芥菜组织较粗硬，含有大量食用纤维素和水分，可增加肠胃消化功能，促进肠蠕动，防治便秘。另外，芥菜腌制后有特殊鲜味和香味，能促进胃、肠消化功能，增进食欲，可用来开胃，帮助消化。

萝卜——化痰清热 · 下气宽中

○性味归经
○性平，味甘、辛。
入肺、脾经。

每100克萝卜含有：

热量	21kcal
蛋白质	0.9g
碳水化合物	5.0g
膳食纤维	1.0g
维生素：	
A	3μg
C	21mg
矿物质：	
钠	61.8mg
铁	0.5mg
硒	0.61μg
锌	0.3mg

萝卜的食用宜忌

　　一般人群均可食用，急慢性支气管炎、百日咳、皮肤干燥、糖尿病患者宜食。

　　萝卜是寒凉蔬菜，阴盛偏寒体质、脾胃虚寒的人不宜多食。胃及十二指肠溃疡、慢性胃炎、先兆流产、子宫脱垂等患者也忌食。服用人参、西洋参时忌食萝卜，其药效相反。

选购保存

　　选购萝卜时要选择根茎白皙细致，表皮光滑，而且整体皆有弹力，带有绿叶的。此外，挑选时要在手里掂一下，感觉沉甸甸的比较好。把买回来的白萝卜在阳台上晾一个晚上，等表皮起皱后装进密封袋，即可防止水分的流失。这样保存白萝卜不会糠心。

ⓐ 营养功效

◎萝卜是一种具有消化功能的蔬菜，因此又称为"自然消化剂"，根茎部位含有淀粉酶及各种消化酵素，能分解食物中的淀粉和脂肪，促进食物消化，解除胸闷，抑制胃酸过多，帮助肠胃蠕动，促进新陈代谢，而且还可以解毒。

◎萝卜可消除烤鱼的焦黑部分所含有的色氨酸等致癌物质，丰富的维生素C和食物纤维的木质素等成分能抑制癌细胞的产生，帮助肠胃蠕动。

◎萝卜中含辛辣味成分的烯丙基芥子油，种子含脂肪油，油中有芥酸等甘油酯，微量挥发油等，都具有促进肠胃液分泌的作用，能让肠胃达到良好的状况。

◎萝卜中的粗纤维可促进肠蠕动，减少粪便在肠内停留时间，可及时把大肠中的有毒物质排出体外。

番茄——健胃消食 · 凉血平肝

○**性味归经**
○**性凉，味甘、酸。归胃、肝经。**

每100克番茄含有：

热量	19kcal
蛋白质	0.9g
碳水化合物	4.0g
膳食纤维	0.5g
维生素：	
A	92μg
C	19mg
矿物质：	
钠	5mg
铁	0.4mg
硒	0.15μg
锌	0.13mg

番茄的食用宜忌

发热、食欲不振、习惯性牙龈出血、贫血、头晕、心悸、高血压、急慢性肝炎、急慢性肾炎、夜盲症和近视眼患者宜食。

不宜空腹食用，易引起胃肠胀满、疼痛。番茄性寒，脾胃虚寒的人也不宜多食。不宜与黄瓜搭配食用，忌与石榴同食。

选购保存

选购番茄时，中大型番茄以形状丰圆、果肩青色、果顶已变红者为佳，若完全红，反而口感不好；中小型番茄以形状丰圆或长圆、颜色鲜红者为佳。没有成熟的番茄，易引起中毒。

保存西红柿时，不要让其沾水，放在凉爽通风的地方即可。

◎ 营养功效

◎番茄的酸味能促进胃液分泌，帮助消化蛋白质；其所含的柠檬酸及苹果酸，能促进唾液和胃液分泌，助消化。

◎番茄含有丰富的维生素C，一颗番茄就可提供一天所需维生素C摄取量的40％。维生素C能结合细胞之间的关系，制造出骨胶原，可以强健血管。此外，番茄中还含有能强化毛细血管的芦丁成分。

◎番茄中的矿物质则以钾的含量最丰富，由于钾元素有助于排出血液中的盐分，因而具有降血压的功能。

◎番茄红色部分含有的番茄红素，与β-胡萝卜素的类胡萝卜素系相同，也具有防癌的效果。常食番茄有利儿童大脑发育，增强智力。老人则能延迟细胞衰老，防癌，对末梢血管脆弱动脉硬化性高血压、高脂血症及冠心病患者均有奇效。

茼蒿——养心降压 · 温肺清痰

○性味归经
○性平，味甘、辛。归脾、胃经。

每100克茼蒿含有：

热量	21kcal
蛋白质	1.9g
碳水化合物	3.9g
膳食纤维	1.2g
维生素：	
A	252μg
C	18mg
矿物质：	
钠	161.3mg
铁	2.5mg
硒	0.6μg
锌	0.35mg

茼蒿的食用宜忌

　　适宜高血压患者、脑力劳动人士及骨折患者、儿童和贫血患者食用。茼蒿对慢性肠胃病和习惯性便秘有一定的食疗作用。

　　茼蒿气浊、上火，一次不要吃太多，胃虚泄泻的人应忌食。

选购保存

　　茼蒿的盛产季节为早春。选购时，挑选叶片结实、绿叶浓茂的即可。

　　保存茼蒿，若买的时候商贩洒了水，要把水稍微甩干或摊开晾干水气。然后用纸把茼蒿根部包住，放入保鲜袋中，竖着放在冰箱里冷藏，不宜久存，一两天内要吃完。

⊕ 营养功效

◎茼蒿能改善肌肤粗糙的状况。

◎茼蒿具有四种强化心脏的药效成分：其一就是含有许多可在体内发挥维生素A效力的β–胡萝卜素（含量紧接于菠菜之后，位于小油菜之上）；其二就是含有丰富的食物纤维；其三就是含有丰富的维生素C；最后就是它的香味，这才是茼蒿特有的药效成分。茼蒿的香味可以对自律神经发挥作用，能促进肠胃的运动，尤其是对于因内脏功能降低而引起的肌肤粗糙问题最为有效。

◎茼蒿含有新鲜且为深绿色的色素、叶绿素，具有去除胆固醇的功效。

◎茼蒿也含有丰富的钾，能将盐分运出体外，对于患高血压的人来说，可以说是最佳的食用蔬菜。

葱——发汗解表 · 解毒散凝

○性味归经
○性温，味辛。归肺、胃经。

每100克葱含有：

热量	33kcal
蛋白质	1.70g
碳水化合物	6.50g
膳食纤维	1.30g
维生素：	
A	10μg
C	17mg
矿物质：	
钠	4.8mg
铁	0.7mg
硒	0.67μg
锌	0.4mg

葱的食用宜忌

适宜脑力劳动者、伤风感冒、发热无汗、头痛鼻塞、腹部受寒而引起的腹痛、腹泻患者适宜多食。

体虚多汗的人应忌食葱，患有狐臭的人也应少吃或不吃。葱不可与蜂蜜、大枣、杨梅和野鸡同时食用，服用地黄、常山、首乌时，也要忌食葱。

选购保存

选购葱时，如果是长葱，要选择葱叶呈深绿色，白色的根茎部分长且坚实的；叶葱则要挑选叶片鲜绿水嫩的。最好不要选择叶片枯萎、表皮干燥变硬的葱。大葱怕动，不怕冻。新鲜大葱晾一下，之后捆成小把，竖立着放在干燥处天冷也不怕。

◎ 营养功效

◎葱具有独特的刺激臭味，这种成分与大蒜或洋葱相同，均属于蒜素（烯丙基硫醚）的挥发性成分，而烯丙基硫醚会加速刺激胃液的分泌，增进食欲。

◎蒜素可以起到抑制维生素B_1的分解酵素——硫胺素酶的作用，因此能提高吸收率，可毫不浪费地利用肠胃里的维生素B_1，促进维生素B_1分解吸收，将淀粉及糖质转化为热量，从而具有恢复体力、防止堆积疲劳因子、稳定精神、调整身体状况等功效。

◎葱白部分仅含维生素C，不过茎叶部分却含有能保护黏膜健康的β-胡萝卜素、具抗菌作用的维生素C，以及黄绿色蔬菜中所含的钙质。另外其中的微量元素硒，可以降低胃液内的亚硝酸盐含量，这对胃癌及多种癌症有一定的预防作用。

◎葱的叶片可预防感冒，白色部分（淡色蔬菜）具有保温身体、发汗的作用。

白菜——解渴利尿 · 通利肠胃

○性味归经
○性平，味甘。入大肠、胃经。

每100克白菜含有：

热量	18kcal
蛋白质	0.5g
碳水化合物	3.2g
膳食纤维	0.8g
维生素：	
A	20μg
C	31mg
矿物质：	
钠	57.5mg
铁	0.7mg
硒	0.49μg
锌	0.38mg

白菜的食用宜忌

适合肺热咳嗽、便秘、肾病患者。女性宜多吃。

忌食隔夜的熟白菜和未腌透的大白菜，腹泻者尽量忌食，气虚胃寒的人忌多吃。

选购保存

选择白菜要看根部切口是否新鲜水嫩。整棵买要选择卷叶坚实有重量感的；切开的要买断层面水平、无隆起的。白菜含有氧化酵素，切开后会活性化，发生褐变，致使维生素C氧化，因此最好买整棵。

另外，注意要保留白菜外面的残叶。因为白菜保存时，这些残叶可以自然风干，成为保留白菜里面水分的一层"保护膜"。所以，在储存白菜时发现有干叶，也不要轻易除去。

◎ 营养功效

◎白菜含有均衡的多种营养，主要营养为维生素C，丰富的含量仅次于菜花，能为身体增强抵抗力，具有预防感冒及消除疲劳的功效。

◎白菜甘甜味较淡，热量也较低，含有β-胡萝卜素、铁、镁，能提升钙质吸收所需的成分。另外白菜中的钾能将盐分排出体外，有利尿作用。

◎白菜还含有丰富的食物纤维。由于经过炖煮后的白菜有助消化，因此最适合肠胃不佳或病患者食用。

◎白菜中含有大量的粗纤维，有促进肠壁蠕动、帮助消化、防止大便干燥、保持大便通畅的功效，也能预防硅肺（由于长期吸入硅石粉尘而引起肺广泛纤维化的一种疾病，以呼吸短促为主要症状）、乳腺癌、肠癌等疾病。

荸荠——消渴痹热 · 温中益气

○性味归经
○性微寒，味甘。归肺、胃经。

每100克荸荠含有：

热量	61kcal
蛋白质	1.2g
碳水化合物	14.2g
膳食纤维	1.1g
维生素：	
A	3μg
C	7mg
矿物质：	
钠	15.7mg
铁	0.6mg
硒	0.7μg
锌	0.34mg

荸荠的食用宜忌

一般人群均可食用，适宜儿童和发烧病人、咽喉干痛、咳嗽多痰、消化不良、大小便不利及癌症患者多食。

小儿消化力弱者、脾胃虚寒的人应忌食。

选购保存

荸荠的盛产季节在冬春两季。选购时，应选择个体大，外皮呈深紫色，而且芽粗短的。

保存鲜荸荠，可以洒些水用保鲜盒装好，放入冰箱，可以保存两周。这种方法会使荸荠的味道变淡，但不会影响其鲜脆的口感。

☺ 营养功效

◎荸荠中含有丰富的磷，其含量是根茎类蔬菜中最高的。磷能促进人体生长发育和维持生理功能，对牙齿骨骼的发育有很大好处。同时它还可促进体内的糖、脂肪、蛋白质三大营养素的代谢，调节身体的酸碱平衡。

◎荸荠富含黏液质，有润肺化痰、生津作用。所含的淀粉及粗蛋白，能促进大肠蠕动，所含的粗脂肪加强了滑肠通便的作用。荸荠水煎汤汁能利尿排淋，对于小便不通有一定治疗作用。

◎荸荠生吃或煮食都可以，饭后生吃开胃下食，除胸中实热，消宿食。制粉食有明耳目、消黄疸、解毒作用。

◎荸荠含有不耐热的抗菌成分荸荠英，对金黄色葡萄球菌、大肠杆菌、绿脓杆菌等均有抑制作用，对降低血压也有一定效果，而且还可防治癌肿。另外其还含一种抗病毒物质，可抑制流脑、流感病毒。

苋菜——清肝明目 · 凉血解毒

○**性味归经**
○**性凉，味微甘。入肺、大肠经。**

每100克苋菜含有：

热量	31kcal
蛋白质	2.8g
碳水化合物	5.9g
膳食纤维	1.8g
维生素：	
A	258μg
C	30mg
矿物质：	
钠	42.3mg
铁	2.9mg
硒	0.09μg
锌	0.7mg

苋菜的食用宜忌

　　一般人都可食用，适合老、幼、妇女、减肥者食用。

　　苋菜性寒凉，阴盛阳虚体质、脾虚便溏或慢性腹泻者，不宜食用。苋菜不宜与甲鱼同食，否则易引起中毒。

选购保存

　　挑选苋菜，应选叶片新鲜、无斑点、无花叶的。一般来说，叶片厚、皱的苋菜比较老，叶片薄、平的比较嫩。选购时也可以手握苋菜，手感软的较嫩，手感硬的较老。

⊙ 营养功效

◎苋菜中富含蛋白质、脂肪、糖类及多种维生素和矿物质，其所含的蛋白质比牛奶更能充分被人体吸收，所含胡萝卜素比茄果类高2倍以上，可为人体提供丰富的营养物质，有利于提高机体的免疫力，强身健体，有"长寿菜"之称。

◎苋菜性味甘凉，清利湿热，清肝解毒，凉血散瘀，对于湿热所致的赤白痢疾及肝火上升所致的目赤目痛、咽喉红肿不利等，均有一定的辅助治疗作用。

◎苋菜中铁的含量是菠菜的1倍，钙的含量则是3倍，不含草酸，所含钙、铁进入人体后很容易被吸收利用，能促进小儿的生长发育，对骨折的愈合具有一定的食疗价值。

◎苋菜含有丰富的铁、钙和维生素K，能维持正常的心肌活动，具有促进凝血、增加血红蛋白含量并提高携氧能力、促进造血等功能。

蕨菜——清热解毒 · 止血降压

○ 性味归经
○ 性微寒，味甘。归肺、胃经。

每100克蕨菜含有：

热量	39kcal
蛋白质	1.6g
碳水化合物	9.0g
膳食纤维	1.8g
维生素：	
A	183μg
C	23mg
矿物质：	
钙	17mg
铁	0.6mg
硒	6.34μg
锌	0.6mg

蕨菜的食用宜忌

一般人群均可食用，湿疹、疮疡患者、发热不退、肠风热毒者宜食。

不宜与黄豆、花生、毛豆等同食，不宜长期大量食用，脾胃虚寒者不宜多食。

选购保存

蕨菜以粗细整齐、色泽鲜艳、柔软鲜嫩为最佳。判断蕨菜是否鲜嫩，主要看叶子。如果叶子是卷曲的，说明它比较鲜嫩，因为蕨菜老了之后叶子就会舒展开来。

◎ 营养功效

◎蕨菜营养丰富，含有多种维生素，既可当蔬菜又可制饴糖、饼干、代藕粉或药品添加剂，还有很高的药用价值。

◎蕨菜素对细菌有一定的抑制作用，可用于发热不退、肠风热毒、湿疹等病症，具有良好的清热解毒、杀菌消炎的功效。

◎蕨菜含有的维生素B_2、维生素C和皂贰等物质可以扩张血管，显著降低血压、血脂和胆固醇，能够扩张血管、改善心血管功能。

◎蕨菜可制成粉皮等代粮充饥，能补脾益气，强健机体，增强抗病能力，适用于腰膝酸软、瘦弱干咳。经常食用蕨菜可治疗高血压、头昏、子宫出血、关节炎等症，并对麻疹、流感有预防作用。

◎蕨菜滋阴补虚，具有清热解毒、杀菌消炎、止泻利尿、安神降压、健胃降气、祛风化痰等作用。蕨菜所含的粗纤维能促进胃肠蠕动，民间常用蕨菜治疗腹泻、痢疾及小便不通、食嗝、气嗝、肠风热毒等病症。

第二篇
日常保健蔬果汁

空闲的时候喝上一杯自制的蔬果汁，不仅能感到清凉爽口，而且还能养生保健。蔬果中含有丰富的纤维素、维生素、矿物质、果胶等营养成分，对人体有多种保健功效。各种蔬菜、水果的营养成分不同，对人体的养生保健功效也不尽相同。本章将为大家介绍各种日常保健蔬果汁，用最常见的蔬菜和水果在家也能自制蔬果汁，每一款爽口美味的蔬果汁都将为您的健康护航。

消暑解渴

炎热的夏天一到，由于天气干燥，温度较高，很多人会觉得口渴、舌头无味，出汗也较多。很多人总会想尽一切办法得到一丝清凉，消除暑热。其实，如果在家喝上一款自制的蔬果汁即可消除以上症状，因为在我们日常生活中就有许多蔬果能达到清热解暑和除烦止渴的效果。

日常生活中，具有消暑解渴功效的水果不胜枚举，有苹果、梨、西瓜、葡萄、草莓、猕猴桃、菠萝、哈密瓜、芒果等；具有消暑解渴功效的蔬菜更是种类繁多，有西红柿、木瓜、黄瓜、冬瓜、芹菜、苦瓜、薄荷、菠菜、胡萝卜等。

本章将为大家介绍各式各样的消暑解渴蔬果汁。这些蔬果汁不仅清凉爽口，消暑解渴，还能补充人体所需的各种营养。

▌牛奶草莓汁

原料 >

草莓350克　　　　牛奶200毫升

作法 > ❶将草莓洗净，去蒂，沥干水分后放入榨汁机中。❷再倒入牛奶，按下启动键榨汁。最后倒入杯中即可饮用。

小常识 > 草莓应选购硕大坚挺、果形完整、无畸形、外表鲜红发亮的果实；洗草莓时，由于草莓表面粗糙，不易清洗，最好先用淡盐水浸泡5分钟后，再将其冲洗干净，但是，要注意盐水浸泡时间不宜超过5分钟，否则容易影响草莓榨汁的口感。

重要提示
痰湿内盛、肠滑便泻、尿路结石病人不宜饮用此果汁。

◎ 营养功效

◎草莓营养丰富，富含多种有效成分，果肉中含有大量的糖类、蛋白质、有机酸、果胶等营养物质，与牛奶搭配榨汁，具有消暑解渴、美容养颜的功效，尤其适合在暑热天气里饮用。

重要提示
急性肠炎、菌痢、溃疡活动期病人不适宜多食用圣女果。

重要提示
脚气、黄疸、腹胀以及产后、病后患者不宜多食哈密瓜。

圣女果胡萝卜汁

原料 >

圣女果120克

胡萝卜80克

作法 > ❶将圣女果去蒂，对半切开；将胡萝卜洗净，去皮切丁。❷将以上原料一并放入果汁机中榨汁，最后倒入杯中即可。

☺ 营养功效

◎圣女果又称小西红柿，具有生津止渴、健胃消食、清热解毒、凉血平肝、补血养血和增进食欲的功效；与胡萝卜一同搭配榨汁具有消暑解渴、开胃消食的功效，尤其适合儿童、女性食用。

哈密瓜芒果汁

原料 >

哈密瓜100克

芒果1个

作法 > ❶将哈密瓜去皮，切丁；将芒果去皮，取肉切成小块。❷将切好的哈密瓜和芒果放入榨汁机中榨汁即成。

☺ 营养功效

◎ 哈密瓜含有丰富的维生素、粗纤维、果胶、苹果酸及钙、磷、铁等矿物质元素，具有消暑解渴、益胃生津的功效，是夏季的时令水果；与芒果搭配榨汁具有消暑解渴、开胃消食的功效，尤其适合夏天食用。

草莓蜂蜜汁

原料 >

草莓 180 克 　　　　蜂蜜适量

作法 > ❶将草莓用清水洗净，去蒂。❷将草莓放入榨汁机中榨汁。❸最后倒入杯中，放入蜂蜜，并搅拌20秒即可。

◎ 营养功效

○草莓含有丰富的维生素C、胡萝卜素、蔗糖、葡萄糖、柠檬酸、苹果酸、果胶、胡萝卜素等营养成分，有解热祛暑之功效。此款果汁有消暑解渴、润肺生津、健脾养胃等功效。

西瓜汁

原料 >

西瓜 300 克

作法 > ❶将西瓜切开，去皮、去子，取出果肉。❷将西瓜放入榨汁机，用榨汁机榨出西瓜汁。❸把西瓜汁倒入杯中即可。

◎ 营养功效

◎西瓜除不含脂肪和胆固醇外，含有大量葡萄糖、苹果酸、果糖、精氨酸、番茄素及丰富的维生素C等物质，具有消暑解渴、增强免疫力的功效。此款果汁尤其适合在炎热的夏季食用，具有祛暑解渴、利尿的作用。

重要提示
西瓜榨汁前，最好将西瓜子去掉，否则影响果汁口感。

重要提示
患有龋齿者以及糖尿病的患者，不宜饮用此款蔬果汁。

重要提示
痛风和尿酸代谢异常的人群不适宜多饮用此款蔬果汁。

猕猴桃苹果柠檬汁

原料 >

猕猴桃 2 个　　苹果 1/2 个　　柠檬 1/3 个

作法 > ❶将猕猴桃去皮切丁；苹果洗净去皮，切成等份小块；将柠檬洗净去皮切薄片。❷将以上原料均放入榨汁机中榨汁即可。

⊙ 营养功效

◎猕猴桃含有蛋白质、水分、脂肪、膳食纤维、碳水化合物等营养成分，有解热、止渴、通淋的功效；柠檬富含维生素C、糖类、钙、磷、铁等营养成分，能预防感冒、抵抗维生素C缺乏病。两者搭配榨汁饮用，能清热解暑，预防疾病。

爽口芹菜芦笋汁

原料 >

 芹菜 70 克　　 芦笋 2 根

苹果半个　　蜂蜜 1 小勺　　核桃 20 克　　牛奶 300 毫升

作法 > ❶将芦笋去根，苹果去核，芹菜去叶，洗净后均以适当大小切块。❷将所有材料放入榨汁机一起搅打成汁，滤出果肉即可。

⊙ 营养功效

◎芹菜含有蛋白质、脂肪、碳水化合物、纤维素、维生素等营养成分，长期食用能增强人体免疫力。芦笋富含蛋白质、脂肪、碳水化合物、粗纤维等营养成分，能清热解毒、生津利水、防癌。夏季饮用此款果汁，能清热解暑。

让榨汁机成为你的药房——一杯蔬果汁就能治好病

消暑解渴蔬果汁荟萃

西瓜木瓜汁

原料：西瓜100克，木瓜1/4个，柠檬1/8个，低聚糖1小勺

双桃菠萝汁

原料：猕猴桃1个，水蜜桃1个，菠萝2片，优酪乳1杯

香蕉茼蒿牛奶汁

原料：香蕉半根，茼蒿20克，牛奶半杯

白菜苹果汁

原料：白菜100克，苹果1/4个，冷开水300毫升，蜂蜜适量

西红柿胡柚柠檬优酪乳

原料：西红柿200克，胡柚1个，柠檬1/2个，优酪乳240毫升

苦瓜菠萝橘子汁

原料：苦瓜、菠萝各150克，橘子半个，蜂蜜30克、冰块少许

苹果西红柿双菜优酪乳

原料：生菜、芹菜各50克，西红柿、苹果各1个，优酪乳250毫升

西红柿包菜芹菜汁

原料：西红柿半个，包菜60克，芹菜梗半根，柠檬半个

胡萝卜鲜蔬汁

原料：胡萝卜150克，油菜60克，白萝卜60克，生姜适量

胡萝卜牛奶蜂蜜汁

原料：胡萝卜70克，牛奶250毫升，蜂蜜1小勺，炒芝麻1小勺

莲雾西瓜蜂蜜汁

原料：莲雾1个，西瓜300克，蜂蜜适量

青苹果葡萄柠檬汁

原料：青苹果1个，柠檬半个，葡萄少许

增强免疫力

　　由于现代人的生活节奏较快，承受的生活压力较大，导致很多人的身体常处于亚健康状态。身体的小毛病不断，自身免疫系统功能很差，对疾病的抵抗力也变得非常弱。

　　如果每天能够根据自身的状况，并结合自己的体质，适当调制并饮用一些健康有益的蔬果汁，对于人体就能起到营养和保健作用，尤其是对于调节自身免疫功能、增强身体的抵抗力、改善身体状态和防治疾病，都有不可估量的作用。

　　有增强免疫功效的水果有：蓝莓、黑莓、火龙果、葡萄、哈密瓜、香蕉、橙子、猕猴桃、荔枝等；有增强免疫功效的蔬菜有：芹菜、菠菜、南瓜、胡萝卜、莲藕、包菜等。

重要提示
先将草莓洗净，然后摘除蒂，榨出的汁味道较好。

胡萝卜草莓蜂蜜汁

原料 >

胡萝卜100克　　草莓80克　　柠檬1个　　蜂蜜适量

作法 > ❶将胡萝卜洗净，切小块；草莓洗净，去蒂；柠檬洗净，去皮切薄片。❷将以上原料一同放入榨汁机中榨汁。❸将蔬果汁倒入杯中，最后调入少许蜂蜜拌匀。

小常识 > 将胡萝卜洗净去皮，打成细浆过滤，即可得到胡萝卜原汁，也可以选择加糖、加酸来改变口感。胡萝卜汁常与各种果汁混合配制，制成复合型饮品。胡萝卜营养价值极高，但切勿与酒精混合使用，容易在肝脏中产生毒素，危害肝脏的健康。

◎ 营养功效

◎胡萝卜素转变成维生素A，有助于增强机体的免疫力，在预防上皮细胞癌变的过程中具有重要作用。草莓富含糖类、蛋白质、有机酸、果胶等，对防治动脉硬化、冠心病有较好功效。长期饮用此款果汁，能增强机体免疫力。

重要提示
痰湿内盛、肠滑便泻、尿路结石患者不宜多食草莓。

重要提示
寒性体质者、女性月经期间，皆不宜过多食用火龙果。

黑莓草莓汁

原料 >

黑莓适量

草莓适量

作法 > ❶将黑莓洗净，沥干；草莓洗净，去蒂。❷将以上原料一同放入果汁机中榨汁，最后将榨好的果汁倒入杯中即可饮用。

◎ 营养功效

◎草莓果肉多汁，酸甜可口，香味浓郁，是水果中难得的色、香、味俱佳者。草莓营养丰富，富含多种有效成分；黑莓含有机酸、维生素E、维生素K等营养物质。此款果汁具有增强人体免疫力的功效。

火红营养汁

原料 >

红色火龙果2个

薄荷叶适量

作法 > ❶将紫色火龙果去皮，果肉切成均匀小块。❷将火龙果肉放入果汁机中榨汁，最后倒出果汁，在果汁杯边缘点缀上薄荷叶即可。

◎ 营养功效

◎火龙果富含大量纤维，含有胡萝卜素、维生素B_1、维生素B_2、维生素B_3、维生素B_{12}等。果肉内黑色芝麻状的种子还含有丰富的钙、磷、铁等矿物质。此款果汁具有增强人体免疫力的功效，尤其适合儿童和女性饮用。

> **重要提示**
> 莲藕要挑选藕节短、藕身粗，外皮呈黄褐色，肉质肥厚而白的。

> **重要提示**
> 糖尿病患者、空腹者、肾病患者、肺结核患者不宜饮用此款果汁。

▎酸甜莲藕橙子汁

原料 >

莲藕 30 克　　　橙子 90 克　　　蜂蜜 1 小勺

作法 > ❶将莲藕去皮，洗净。❷将橙子去皮、子，切成适当大小的块。❸将所有材料放入榨汁机一起搅打成汁，滤出果肉即可。

◎ 营养功效

◎莲藕富含铁、钙、植物蛋白质、维生素以及淀粉，能补益气血，增强免疫力。橙子几乎含有水果能提供的所有营养成分，能增强人体免疫力、促进病体恢复、加速伤口愈合。长期饮用此款果汁，能增强人体免疫力。

▎哈密瓜草莓葡萄汁

原料 >

草莓 80 克　　　哈密瓜 150 克　　　葡萄 70 克

作法 > ❶将哈密瓜用清水洗净，去皮，去子，切成等份小块。❷将葡萄、草莓洗净，放入榨汁机中榨汁。❸把哈密瓜、果汁和水一起搅匀即可。

◎ 营养功效

◎哈密瓜含有多种维生素、粗纤维、果胶、钙、磷、铁等，能预防疾病。草莓中含有大量的糖类、蛋白质、有机酸、果胶等，能防治动脉硬化、冠心病等。此款果汁不仅有助于防治动脉硬化等疾病，还能增强人体免疫力。

荔枝菠萝汁

原料 >

荔枝 10 颗　　菠萝 100 克　　薄荷叶适量

作法 > ❶将荔枝去皮、核，取肉；菠萝去皮，切成均匀小块；薄荷叶洗净备用。❷将以上果块放入榨汁机榨汁。❸将果汁倒入杯中，用薄荷叶点缀即可。

☺ 营养功效

◎荔枝含有蛋白质、多种维生素、脂肪、柠檬酸、果胶、维生素B₁、磷、铁等，对贫血、心悸、失眠、口渴、气喘等均有较好的食疗功效。此款果汁具有增强人体免疫力的功效。

苹果蓝莓汁

原料 >

苹果 1/2 个　　蓝莓 70 克　　柠檬汁 30 毫升

作法 > ❶苹果用水洗净，带皮切成小块；蓝莓洗净。❷再把蓝莓、苹果、柠檬汁和水放入果汁机内，搅打均匀。❸最后把果汁倒入杯中即可。

◎ 营养功效

◎蓝莓果胶含量很高，能有效降低胆固醇，防止动脉硬化，促进心血管健康。所含花青素具有活化视网膜的功效，可以强化视力，减轻眼球疲劳。此款果汁在夏天常饮，对增强免疫力有较好功效。

1

2

3

重要提示
为了减少水果中维生素的损失，制作果汁的动作一定要快。

哈密瓜汁

原料 >

哈密瓜 1/2 个

作法 > ❶哈密瓜洗净，去子，去皮，并切成小块。❷将哈密瓜放入果汁机内，搅打均匀。❸把哈密瓜汁倒入杯中，用哈密瓜皮装饰即可。

🏠 营养功效

◎哈密瓜含糖量高，并含有丰富的维生素、粗纤维、果胶、苹果酸及钙、磷、铁等矿物质元素，有利小便、除烦、止渴、防暑、清热解燥的作用。此款果汁能帮助增强免疫力，尤其对女性朋友有益。

1

2

3

重要提示

挑选哈密瓜的时候，要先用手摸一摸，如果太硬，瓜则不太熟。

增强免疫力蔬果汁荟萃

美味柳橙汁

原料：柳橙 2 个，蜂蜜适量

苹果李子蜂蜜汁

原料：苹果 1 个，橘子 1 个，李子 4 个，蜂蜜适量

包菜苹果汁

原料：包菜 150 克，苹果 1 个，冰块适量

香蕉柠檬蔬菜汁

原料：香蕉半根，油菜 100 克，柠檬 1 个

山药苹果汁

原料：新鲜山药 200 克，苹果 100 克，优酪乳 150 毫升

葡萄柚菠萝汁

原料：葡萄柚 2 个，菠萝汁少许

西红柿柠檬芹菜汁

原料：西红柿 2 个，芹菜 100 克，柠檬 1 个

草莓樱桃蜂蜜汁

原料：草莓 200 克，樱桃 150 克，蜂蜜适量

胡萝卜西蓝花芹菜汁

原料：西蓝花 100 克，胡萝卜 80 克，芹菜 50 克，蜂蜜少许

黄瓜柠檬汁

原料：黄瓜 200 克，柠檬 1/2 个

菠菜胡萝卜包菜汁

原料：菠菜 100 克，胡萝卜 50 克，包菜 2 片，西芹 60 克

清凉芹菜汁

原料：芹菜 200 克，柠檬汁少许

增强免疫力蔬果汁荟萃

菠萝草莓柳橙汁

原料：菠萝60克，草莓2个，柳橙半个，冷开水30毫升

胡萝卜豆浆汁

原料：胡萝卜、苹果各150克，橘子1个，豆浆240毫升

葡萄芝麻汁

原料：红葡萄100克，黑芝麻1大匙，苹果半个，酸奶200毫升

哈密瓜毛豆汁

原料：哈密瓜1/4片，煮熟的毛豆仁20克，柠檬汁50毫升

香蕉优酪乳

原料：香蕉2根，优酪乳200毫升，柠檬半个

木瓜牛奶蛋汁

原料：木瓜100克，鲜奶90毫升，蛋黄1个，凉开水60毫升

香蕉西红柿汁

原料：乳酸菌饮料100毫升，西红柿1个，香蕉1个，冷开水适量

蜜汁榴莲

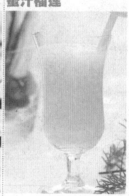

原料：榴莲肉60克，蜂蜜少许

包菜酪梨汁

原料：酪梨半个，包菜叶1片，牛奶200毫升，蜂蜜1小勺

番石榴综合果汁

原料：番石榴2个，菠萝30克，橙子1个，柠檬1个，冷开水少量

莲藕柳橙蔬果汁

原料：莲藕30克，柳橙1个，苹果1个，蜂蜜3克

南瓜百合梨子汁

原料：南瓜100克，干百合20克，梨半个，蜂蜜1小勺

健脑益智

大脑是身体的司令部，指挥和控制着身体的各个部位，在人体中有着举足轻重的作用。人们每天都在用脑，脑力消耗也特别大。在如今竞争激烈的年代，如果不想被淘汰，就必须依赖一颗聪明、健康的大脑，但如何吃出聪明的大脑呢？最简单的方法就是通过日常生活中的食物去补充大脑营养。俗话说得好，民以食为天，摄取食物是人们每天都要进行的活动，如果能通过吃来补脑，简单又方便，一举两得。蔬果汁中含有能使大脑变聪明的维生素、微量元素、蛋白质等，有利于健脑益智。

具有健脑益智功效的水果有：猕猴桃、葡萄、苹果、桑葚、橘子、梨、香蕉等；具有健脑益智功效的蔬菜有：胡萝卜、菠菜、苦瓜、芹菜、莲藕等。

以下将为大家介绍一些能健脑益智的蔬果汁，不仅做法简单，而且营养丰富。

重要提示
哈密瓜较甜，在给婴幼儿食用的时候要注意加适量水稀释。

哈密瓜猕猴桃汁

原料 >

哈密瓜 200 克　　猕猴桃 2 个

作法 > ❶将哈密瓜去皮切块；猕猴桃去皮，取肉切小块。❷将以上原料一同放入榨汁机中榨汁。❸最后倒入杯中即可饮用。

小常识 > 哈密瓜削去外皮，去瓤，即可食用。由于哈密瓜含糖较多，所以糖尿病人应慎食，而且哈密瓜性凉，也不宜吃得过多，以免引起腹泻。挑选哈密瓜时，可以用手摸一摸，如果瓜身坚实微软，就说明瓜的成熟度比较适中。

⊚ 营养功效

◎哈密瓜是夏季解暑的最好水果之一，它对人体的造血机能有显著的促进作用，对女性来说是很好的滋补水果。猕猴桃含有的天然肌醇，有助于脑部活动，因此能帮助忧郁之人走出情绪低谷。此款果汁常饮，对补充大脑有效。

重要提示
过多食用橘子容易上火，导致皮肤变黄，建议适量。

重要提示
猕猴桃应选表面光滑无皱，果脐小而圆，果毛细的为宜。

橘子柠檬汁

原料 >

橘子4个

柠檬适量

薄荷叶适量

作法 > ❶将橘子去皮、核，取果肉放入榨汁机中；柠檬洗净，去皮切片。❷将以上原材料放入榨汁机中榨汁。❸最后将果汁倒入杯中，用薄荷叶点缀。

☺ 营养功效

◎橘子中含有丰富的维生素C和烟酸，它们有降低人体中血脂和胆固醇的作用，所以，冠心病、血脂高的人多吃橘子很有好处。此款果汁适合在暑热天气里饮用，清热解暑，还能提神醒脑。

苹果猕猴桃蜂蜜汁

原料 >

苹果半个

猕猴桃1个

蜂蜜1小勺

作法 > ❶将苹果洗净，去皮去子，切丁；猕猴桃去皮，切小块。❷将猕猴桃和苹果材料放入榨汁机榨汁，倒入杯中，加入少许蜂蜜拌匀即可。

☺ 营养功效

◎苹果含有多种维生素、钾、钙、碳水化合物、磷等，能促进胃肠道中铅、汞、锰的排放，调节机体血糖水平。猕猴桃含有丰富的膳食纤维、维生素C、钙、铁等，有助于脑部活动，经常饮用这款果汁，有利于健脑益智。

重要提示

糖尿病患者，或减肥者不宜饮用此款果汁。

重要提示

自身体质偏于虚寒的人，不建议饮用此款果汁。

白梨西瓜柠檬汁

原料 >

 白梨1个　 西瓜150克　 苹果1个　 柠檬1/3个

作法 > ❶将梨和苹果洗净，去果核，切块；西瓜洗净，切开去皮；柠檬洗净，切成块。❷所有材料放入榨汁机榨汁。

☺ 营养功效

◎白梨含有蛋白质、脂肪、钙、磷、铁、胡萝卜素等，有生津润燥，清热强心的功效。西瓜含有维生素A、B、C和蛋白质、葡萄糖、蔗糖、果糖、苹果酸等营养成分，有清热解暑、利尿除烦的功效。经常饮用此款果汁，能醒脑益智。

美味香蕉火龙果汁

原料 >

 火龙果半个　 香蕉1根　 优酪乳200毫升

作法 > ❶将火龙果、香蕉分别去皮，切成等分小块。❷将准备好的材料放入榨汁机内，加入优酪乳，搅打成汁即可。

☺ 营养功效

◎香蕉含有血清素、钾离子、维生素等，不仅有益于大脑，预防神经疲劳，还能润肺止咳、防止便秘。火龙果富含花青素、维生素C、能提高对脑细胞变性的预防，抑制老年痴呆症的发生。经常饮用此款果汁，能健脑益智。

重要提示
急性肠炎、溃疡病活动期病人不宜食用西红柿。

重要提示
患有胃溃疡的患者，切记不能饮用此款果汁。

西红柿芹菜汁

原料 >

西红柿2个　　芹菜适量　　冰糖适量

作法 > ❶将西红柿洗净，去皮、核，切丁；芹菜摘净，切成小段。❷将以上原料均放入榨汁机中榨汁。❸最后倒入杯中，加入适量冰糖即可。

◎ 营养功效

◎西红柿含有丰富的钙、磷、铁、胡萝卜素及B族维生素和维生素C，生熟皆能食用，能起到生津止渴、健胃消食的功效，故对止渴、食欲不振有很好的辅助治疗作用。此蔬果汁有开胃消食、健脑益智的作用。

葡萄苹果柠檬汁

原料 >

红葡萄150克　　苹果1个　　柠檬50克

作法 > ❶柠檬洗净，去皮，切薄片；红葡萄洗净，去皮去核，取肉备用；苹果洗净，去皮切小块。❷将以上原料均放入榨汁机中榨汁即可。

◎ 营养功效

◎葡萄含有糖类、维生素、氨基酸、蛋白质、碳水化合物、钙、磷、铁、胡萝卜素等，能预防和治疗神经衰弱。柠檬富含维生素C、糖类、钙、磷、铁等营养成分，有提神健脑的作用，长期饮用此果汁，有健脑益智的功效。

重要提示

胡萝卜不要过量食用，易使皮肤色素产生变化，变成橙黄色。

重要提示

肥胖者应少食莲藕。产妇一般在产后1~2周后再吃藕可以逐瘀。

胡萝卜蜜汁

原料 >

胡萝卜200克

蜂蜜适量

作法 > ❶将胡萝卜洗净，去皮，切小丁。❷将胡萝卜和适量冷开水放入榨汁机中榨汁。❸把胡萝卜汁倒入杯中，调入蜂蜜拌匀即可。

◎ 营养功效

◎胡萝卜含有大量的胡萝卜素，糖和钙、磷、铁等矿物盐、多种维生素类等营养成分，胡萝卜素能加快大脑的新陈代谢，可提高记忆力。经常饮用此款果汁，有健脑、防止动脉硬化，降低胆固醇，对防治高血压也有一定效果。

莲藕胡萝卜柠檬汁

原料 >

莲藕50克

胡萝卜50克

柠檬汁少许

蜂蜜1小勺

作法 > ❶将莲藕、胡萝卜分别洗净，去皮，切成小块。❷将莲藕和胡萝卜放入榨汁机一起搅打成汁，最后倒入柠檬汁和蜂蜜搅拌即可饮用。

◎ 营养功效

◎莲藕富含维生素C和粗纤维，经常食用藕，可以调中开胃，益血补髓，安神健脑。胡萝卜富含胡萝卜素，糖、钙等，其胡萝卜素能加快大脑的新陈代谢，提高记忆力。此款果汁，有健脑益智、延缓衰老的功效。

重要提示

煮食菠菜前入开水中快焯，可除去草酸，有利于人体吸收钙质。

重要提示

芹菜具有很好的降压功效，因此低血压患者不宜饮用此款果汁。

菠菜葱花汁

原料 >

菠菜 100 克　　葱花适量　　蜂蜜少许

作法 > ❶将菠菜用清水洗净，切成等量小段。❷将葱花与菠菜段一起放入榨汁机中，倒入适量水榨汁，最后倒入杯中加蜂蜜调味。

◎ 营养功效

◎菠菜含有丰富维生素C、胡萝卜素、蛋白质，以及铁、钙、磷、抗氧化剂等营养物质。抗氧化剂可以抵抗自由基对脑功能的影响，防止老年痴呆症。此蔬菜汁不仅能美容养颜，还能健脑益智。

芹菜柠檬蜂蜜汁

原料 >

芹菜 80 克　　柠檬 1 个　　蜂蜜少许

作法 > ❶将芹菜洗净，切段。❷将柠檬洗净，去皮切小丁。❸将以上材料放入榨汁机内，榨汁，最后倒入杯中，加入蜂蜜拌匀即可。

◎ 营养功效

◎芹菜含有蛋白质、碳水化合物、纤维素、维生素、矿物质等营养成分，有补血健脾、止咳利尿、降压镇静的功效。柠檬富含维生素C、糖类、钙、磷、铁等营养成分，有健脑、美容的功效。长期饮用此款果汁，能健脑益智。

健脑益智蔬果汁荟萃

油菜苋菜芹菜汁

原料：油菜、苋菜 50 克，包菜叶 2 片，芹菜 1 根，柠檬汁少许

黄瓜西瓜芹菜汁

原料：黄瓜 200 克，西瓜 150 克，芹菜 20 克

西蓝花胡萝卜柠檬汁

原料：西蓝花 100 克，胡萝卜 80 克，柠檬汁 30 毫升，蜂蜜少许

梨子油菜蔬果汁

原料：梨子 1 个，油菜 2 片，水 200 毫升

姜汁甘蔗汁

原料：甘蔗 200 克，姜 15 克

梨子甜椒蔬果汁

原料：梨子 1 个，甜椒 100 克，冰块少许

毛豆香蕉汁

原料：毛豆 50 克，香蕉 1 个，牛奶 400 毫升，蜂蜜 1 小勺

香蕉苦瓜汁

原料：香蕉 1 根，苦瓜 100 克

菠菜樱桃汁

原料：菠菜 40 克，樱桃 5 粒，蜂蜜适量，凉开水 350 毫升

柠檬芥菜蜜柑汁

原料：柠檬 1 个，芥菜 80 克，蜜柑 1 个，冰块少许

酸甜柳橙苹果梨汁

原料：柳橙 2 个，苹果 1/2 个，雪梨 1/4 个，水 30 毫升

三西汁

原料：西红柿 1 个，西芹 15 克，西瓜 400 克，苹果醋 1 大勺

健脑益智蔬果汁荟萃

梨香蕉可可汁

原料：梨半个，香蕉1个，牛奶200毫升，可可1小勺

芒果橘子奶

原料：芒果150克，橘子1个，鲜奶250毫升

橘柚汁

原料：柚子1个，橘柚1个，橘子1个，柠檬汁少许

李子牛奶饮

原料：李子6个，蜂蜜适量，牛奶少许

金色组曲

原料：香蕉100克，橙子150克，苹果200克，蜂蜜少许

苹果莴笋柠檬汁

原料：苹果半个，莴笋150克，柠檬半个，蜂蜜30毫升

三果综合汁

原料：无花果1个，猕猴桃1个，苹果1个

桃子杏仁汁

原料：桃子半个，杏仁粉末半小勺，豆奶200毫升，蜂蜜1小勺

马蹄山药优酪乳

原料：马蹄、山药、木瓜、菠萝各适量，优酪乳250毫升

菠萝芹菜汁

原料：菠萝150克，柠檬1个，芹菜100克，蜂蜜15克

香瓜西红柿蜜莲汁

原料：香瓜100克，西红柿100克，莲子8克，蜂蜜适量

玫瑰双瓜汁

原料：黄瓜300克，西瓜350克，玫瑰花50克，凉开水适量

养胃护胃

　　胃的健康不仅直接关系到对食物的消化和吸收，也和身体的营养状况息息相关。当胃部不适的时候，不能吃过酸或过凉的蔬果，也不宜摄入含有刺激性的食物。与此同时，要注意养成良好的生活习惯，建议少吃多餐，饭每顿只吃七分饱。有句话说得好，早上要吃好，中午要吃饱，晚上要吃少，只要均衡调节膳食，不要暴饮暴食，一定能做到养胃护胃不伤胃。

　　在日常生活中，合理选用一些蔬菜水果榨汁饮用，能起到养胃护胃的良好功效。有些蔬果汁不仅能促进消化，还能缓解胃部不适，保护胃壁，增进食欲。

　　有养胃护胃功效的水果有：西瓜、葡萄、草莓、猕猴桃、柑橘等；有养胃护胃功效的蔬菜有：南瓜、胡萝卜、菠菜、红薯、西蓝花等。

重要提示

糖尿病患者，或对糖类有过敏现象的人，不宜饮用此款果汁。

西瓜橙子蜂蜜汁

原料 >

橙子 100 克　　西瓜 200 克　　蜂蜜适量

作法 > ❶将橙子去皮，切丁；用勺子将西瓜肉挖出，备用。❷将以上原料放入榨汁机中榨汁，滤出果汁，倒入杯中加蜂蜜搅拌均匀即可。

小常识 > 用手拍西瓜发出咚咚的清脆声音，同时可感觉到瓜身的颤抖，就是成熟度刚刚好的西瓜。西瓜吃多了易伤脾胃，引起腹胀、腹泻、食欲下降，还会积寒助湿，导致秋病并引起咽喉炎。

◎ 营养功效

◎西瓜含蛋白质、葡萄糖、蔗糖、果糖、苹果酸、瓜氨酸、谷氨酸等，有助于清热解毒，促进肠道蠕动。橙子含有蛋白质、脂肪、糖、钙、磷、铁等，能和中开胃，降逆止呕。此款果汁有缓解胃部不适等功效。

重要提示
吃葡萄后不能立刻喝水，否则很快就会腹泻，但无不良反应。

重要提示
猕猴桃要选择果实饱满、绒毛尚未脱落的果实为宜。

葡萄苹果柠檬汁

猕猴桃香蕉汁

原料 >

葡萄150克　　苹果50克　　柠檬半个

原料 >

　香蕉半根　酸奶半杯　蜂蜜1小勺

猕猴桃2个　香蕉半根　酸奶半杯　蜂蜜1小勺

作法 > ❶ 将葡萄洗净，去皮、去子；苹果洗净，去皮，切小块；柠檬去皮，切薄片。❷ 将以上所有材料放入榨汁机中搅打成汁即可。

作法 > ❶ 猕猴桃与香蕉均去皮，切成均匀的小块。❷ 将以上原料一起放入榨汁机中搅打成汁，最后倒入杯中；加入酸奶和蜂蜜搅拌均匀后即可饮用。

◎ 营养功效

◎苹果含有多种维生素、碳水化合物、抗氧化剂、鞣质、多种果酸等，能帮助食物消化，促进胃收敛。葡萄含氨基酸、蛋白质、碳水化合物、钙、磷、铁等，能预防和治疗神经衰弱、胃痛、腹胀等症。此款果汁可养胃护胃。

◎ 营养功效

◎猕猴桃含有丰富的蛋白质、糖类、胡萝卜素、维生素、钙、磷、铁等，有解渴、健胃、止渴、通淋的功效。香蕉中含有促使胃黏膜细胞生长的物质，有防止胃溃疡的功效。猕猴桃和香蕉共榨汁，有健胃，防止胃溃疡的功效。

重要提示
草莓应选果形完整无畸形、外表鲜红发亮、果实无病虫害的。

重要提示
患有尿路结石的人，不建议饮用此款果汁。

美味草莓猕猴桃汁

原料 >

草莓80克　　猕猴桃少许　　白萝卜半个 (30克)

作法 > ❶将草莓洗净，去蒂；猕猴桃去皮，切小块；白萝卜洗净，去皮，切小块。❷将以上所有材料放入榨汁机搅打成汁，过滤果肉后将果汁倒入杯中。

◎ 营养功效

◎草莓中的有机酸有促进胃肠道的功效，对食欲不振、腹胀、消化不良有很好的效果。此外，草莓中含有的果胶物质和食物纤维等能刺激肠道，促进胃肠道蠕动，使大便通畅。此款果汁有养胃护胃，通便利尿的功效。

苹果草莓蜜汁

原料 >

苹果1个　草莓2颗　胡萝卜50克　柠檬半个　蜂蜜适量

作法 > ❶苹果洗净，去皮，切块；草莓洗净去蒂，切块；胡萝卜洗净，去皮，切块；柠檬洗净，去皮，切薄片。❷将所有材料放入搅拌机内搅打，倒入杯中，调入蜂蜜即可。

◎ 营养功效

◎苹果中富含多种维生素、酸类物质、膳食纤维、碳水化合物、钾、钙、磷等营养成分，有助于促进肠道蠕动。草莓含有大量的糖类、蛋白质、有机酸、果胶等营养物质，对胃肠道有调理作用。此果汁有健胃养胃的作用。

雪梨汁

原料 >

雪梨

作法 > ❶雪梨用水洗净。❷将雪梨切成小块。❸然后把雪梨和水放入果汁机内，搅打均匀即可。

⊚ 营养功效

◎雪梨富含苹果酸、柠檬酸、维生素B_1、维生素B_2、维生素C、胡萝卜素等营养成分，具有生津润燥、清热化痰功效，特别适合夏天饮用。长期饮用此款果汁，能舒缓神经，起到养胃护胃的功效。最好饭后半小时再饮用。

1

2

3

重要提示
体型较大的雪梨糖分和水分含量较高。因此要挑选个大的雪梨。

重要提示
此款果汁具有降压功效，低血压患者不宜饮用此款果汁。

重要提示
患有结石类疾病的人，不宜饮用此款果汁。

爽口胡萝卜芹菜汁

原料 >

胡萝卜 500 克　　芹菜 200 克　　包菜 30 克　　柠檬汁少许

作法 > ❶将胡萝卜洗净，去皮切块；芹菜洗净，切丁；包菜洗净，切片。❷将以上材料放入榨汁机中搅打成汁，倒入杯中。❸最后加入柠檬汁，调匀即可。

◎ 营养功效

◎胡萝卜含有大量的蔗糖、淀粉、胡萝卜素、维生素B₁、维生素B₂、叶酸等，有助于促进肠道蠕动。芹菜富含蛋白质、碳水化合物、胡萝卜素、钙、磷等，有健胃消食、降压的功效。经常饮用此款果汁，能健胃养胃、降压。

西蓝花菠菜葱白汁

原料 >

西蓝花 60 克　　菠菜 60 克　　葱白 60 克　　蜂蜜 30 克

作法 > ❶将西蓝花洗净，切小块；菠菜、葱白分别洗净切小段。❷将以上材料一起放入榨汁机中榨汁。❸最后将榨好的蔬果汁倒入杯中，加蜂蜜拌匀即可。

◎ 营养功效

◎西蓝花富含蛋白质、钙、磷、铁、钾、锌等营养成分。新鲜西蓝花嫩芽中所含的异硫氰酸酯，能在一定程度上抑制幽门螺杆菌的感染状况，而幽门螺杆菌正是导致胃炎、胃溃疡的元凶细菌。长期饮用此款果汁，能预防胃病。

养胃护胃蔬果汁荟萃

沙田柚菠萝汁

原料： 沙田柚 100 克，菠萝 50 克，蜂蜜少许

哈密瓜椰奶

原料： 哈密瓜 200 克，椰奶 40 毫升，鲜奶 200 毫升，柠檬半个

甜瓜酸奶汁

原料： 甜瓜 100 克，酸奶 1 瓶，蜂蜜适量

猕猴桃菠萝汁

原料： 猕猴桃 2 个，菠萝 150 克，柠檬半个，冷开水 240 毫升

酸甜菠萝汁

原料： 柠檬 1 个，菠萝 50 克

油菜紫甘蓝汁

原料： 油菜 50 克，紫甘蓝 40 克，豆奶 200 毫升，冰水 200 毫升

胡萝卜红薯牛奶

原料： 胡萝卜 70 克，红薯 1 个，牛奶 250 毫升，蜂蜜 1 小勺

黄瓜大蒜牛奶汁

原料： 黄瓜 30 克，大蒜 10 克，牛奶 300 毫升

杨梅汁

原料： 杨梅 60 克，盐少许

土豆牛奶汁

原料： 土豆 20 克，牛奶 350 毫升

百果香蜂蜜饮

原料： 蜂蜜 10 克，百香果 25 克，鸡蛋 1 个，雪糕 1 个，冰块适量

包菜水芹汁

原料： 包菜 100 克，水芹 20 克

养心护心

　　心脏是循环系统中的动力，推动血液流动，向器官、组织提供充足的血流量，供应氧和各种营养物质，使细胞维持正常的代谢和功能。护心不仅要护心脏本身，还要护好心神、心气。日常生活中，可以多通过食用一些具有养心功效的蔬菜和水果来保心脏、养心神、护心气。

　　红色的食物最能养心气，如苹果、草莓、西红柿等，每天结合自己的体质，饮用一杯蔬果汁，能保护心脏，改善心脏活力。

　　能起到养心护心作用的水果有：苹果、草莓、西瓜、山楂、猕猴桃、菠萝等；能起到养心护心作用的蔬菜有：西红柿、红薯、芦笋、冬瓜、胡萝卜等。

　　以下为大家介绍的一些蔬果汁可以很好地起到养心护心的作用。

重要提示
具有过敏体质的人，不建议饮用此款果汁。

▌苹果菠萝牛奶汁

原料 >

苹果1个　菠萝300克　桃子1个　柠檬半个　牛奶少许

作法 > ❶将苹果、菠萝、桃子去皮洗净，均切小块；柠檬洗净，去皮切片。❷将所有的原材料放入榨汁机内，榨成汁；最后倒入适量牛奶搅拌均匀即可。

小常识 > 选择菠萝时，要选择饱满、着色均匀、闻起来有清香的果实。因菠萝蛋白酶能溶解纤维蛋白和酪蛋白，故消化道溃疡、严重肝或肾疾病、血液凝固功能不全等患者忌食，对菠萝过敏者慎食。

◎ 营养功效

◎苹果中的抗氧化剂能够防治心脏的动脉硬化以及减少胆固醇LDL在血液中的含量，从而降低了心脏发病的危险。菠萝果汁中含有一种酵素，同时还可及早地制止血液块的形成，可避免患心脏病。此果汁可养心护心。

重要提示
出血及体虚者，
脾胃虚寒、腹胀
便溏者不宜饮用
此款果汁。

重要提示
患有胃溃疡的人，
不建议饮用此款
果汁。

▋草莓香瓜柠檬蜜汁

原料 >

柠檬半个　草莓5颗　香瓜半个　果糖3克　蜂蜜适量

作法 > ❶柠檬挤汁；草莓洗净，去蒂，切小块；香瓜洗净后去皮去子，切小块。❷将所有材料与冷开水一起放入榨汁机中榨成汁。最后再加入果糖和蜂蜜调味即可。

⊙ **营养功效**

◎草莓含有多种维生素、果糖、蔗糖、柠檬酸、苹果酸、水杨酸、氨基酸等，能明目养肝、养心护心。香瓜含有芳香物质、矿物质、糖分、维生素C等，经常食用有利于心脏、肝脏以及肠道系统活动，促进内分泌和造血功能。

▋山楂草莓柠檬汁

原料 >

山楂50克　草莓40克　柠檬1/3个

作法 > ❶山楂洗净，入锅，加清水，用大火煮约20分钟，放凉备用；草莓洗净切块；柠檬去皮切小块。❷把草莓、柠檬、山楂、冷开水放入榨汁机内搅打成汁。

⊙ **营养功效**

◎山楂富含不饱和脂肪酸、黄酮类化合物、蛋白质、脂肪等营养成分，可以养护心脏。草莓富含果糖、蔗糖、柠檬酸、苹果酸、苯酚等营养成分，可以降低心脏的发病率。长期饮用此款果汁，能预防心脏病。

重要提示

患有低血压症状的人，不宜饮用此款果汁。

重要提示

患有胃溃疡的人，不建议饮用此款果汁。

西红柿芹菜汁

原料 >

西红柿2个

芹菜20克

作法 > ❶将西红柿洗净，去皮，切成小块。❷将芹菜洗净，切成等量小段。❸将以上的材料一起放入榨汁机榨成汁即可。

🍵 营养功效

◎西红柿含有膳食纤维、维生素A、维生素C等，有养胃、增强抵抗力的功效。芹菜含有蛋白质、脂肪、碳水化合物、纤维素、维生素、矿物质等，有养胃、护心的功效。长期饮用此款果汁，有保护心脏的功效。

西瓜柠檬蜂蜜汁

原料 >

西瓜200克

柠檬1个　　蜂蜜少许

作法 > ❶将西瓜去皮去子，切小块；柠檬洗净后切薄片。❷将以上原料放入果汁机中混合榨汁，最后将果汁倒入杯中，加少许蜂蜜拌匀即可。

🍵 营养功效

◎西瓜富含葡萄糖、果糖、蔗糖酶、谷氨酸、瓜氨酸、精氨酸、苹果酸、番茄素等，能有效地保护心脏。柠檬富含维生素C和维生素P，能增强血管弹性和韧性，可预防和治疗高血压和心肌梗死症状。此款果汁能保护心脏。

猕猴桃柳橙酸奶

原料 >

猕猴桃1个

柳橙1个

酸奶130毫升

作法 > ❶将猕猴桃对切，挖出果肉；柳橙对半切开，去皮，切小块。❷将处理好的猕猴桃和柳橙放入榨汁机内榨汁。❸最后倒出果汁，加少许酸奶拌匀即可饮用。

◎ 营养功效

○猕猴桃富含精氨酸，能有效地改善血液流动、阻止血栓形成。柳橙含有丰富的膳食纤维，维生素A、B族维生素、维生素C、磷、苹果酸等，能有效降低胆固醇，预防心脏病。此款果汁能保护人体心脏。

重要提示
患有低血压症状
的人，不宜饮用
此款果汁。

重要提示
患有胃溃疡的
人，不建议饮用
此款果汁。

胡萝卜红薯汁

原料 >

 胡萝卜70克　　红薯1个

核桃仁1克　牛奶250毫升　蜂蜜1小勺　芝麻1小勺

作法 > ❶将红薯洗净，去皮，煮熟；胡萝卜洗净，均以适当大小切块。❷将所有材料放入榨汁机一起搅打成汁，滤出果肉即可。

☺ **营养功效**

◎红薯富含钾、β-胡萝卜素、叶酸、维生素C等，能预防心血管疾病，其含有的钾有助于人体细胞液体和电解质平衡，维持正常血压和心脏功能。胡萝卜含有大量的胡萝卜素、糖、钙、磷、铁等营养成分，有明目养肝的功效。

芦笋西红柿鲜奶汁

原料 >

 芦笋300克　　西红柿半个　鲜奶200毫升

作法 > ❶将芦笋洗净，切小段，放入榨汁机中榨汁；西红柿洗净，去皮，切小块备用。❷将西红柿和冷开水放入榨汁机中，搅匀。加入芦笋汁、鲜奶，调匀即可。

☺ **营养功效**

◎芦笋含有丰富的蛋白质、维生素、矿物质、微量元素等，对心血管疾病有一定疗效。西红柿富含维生素、胡萝卜素、烟酸、维生素C、维生素K、维生素P等，有养心护心的功效。芦笋与西红柿混合榨汁能养胃、养心护心。

养心护心蔬果汁荟萃

金橘柠檬汁

原料：金橘 60 克，柳橙汁 15 克，柠檬汁 15 克，糖水、冰块各适量

包菜苹果青梅汁

原料：包菜 150 克，苹果 1 个，柠檬半个，青梅 50 克，冰块适量

西红柿洋葱汁

原料：西红柿 1 个，洋葱 100 克，冷开水 300 毫升，黑糖少许

樱桃西红柿柳橙汁

原料：樱桃 300 克，西红柿半个，柳橙 1 个

无花果柳橙汁

原料：无花果 6 个，柳橙 2 个，柠檬汁 30~40 克，碎冰适量

草莓萝卜柠檬汁

原料：草莓 60 克，萝卜 70 克，菠萝 100 克，柠檬 1 个

红糖西瓜饮

原料：西瓜 200 克，柳橙 100 克，蜂蜜适量，红糖少许

土豆莲藕汁

原料：土豆 80 克，莲藕 80 克，蜂蜜 20 毫升，冰块少许

菠菜汁

原料：菠菜 100 克，凉开水 50 毫升，蜂蜜少许

奶白菜苹果汁

原料：奶白菜 100 克，苹果 1/4 个，冷开水 300 毫升，蜂蜜适量

葡萄萝卜梨汁

原料：葡萄 120 克，萝卜 200 克，梨 1 个

水蜜桃优酪乳

原料：水蜜桃 1 个，优酪乳 150 克，柠檬半个，蜂蜜适量

保肝护肾

　　肝肾是五脏六腑之根，都承担着维持生命的重要功能，与健康息息相关。日常生活中的合理饮食，以及良好的生活习惯，都能对肝脏和肾脏起到良好的保健作用。但是，随着年龄的增长，人体的器官也在慢慢地衰退，如果不及时调理，有可能会影响肝肾功能。所以，在平时生活中，我们要注意养成保护肝肾的饮食习惯，合理的饮食对肝和肾有很好的保护作用，这样才有利于身体健康。

　　除了平日正常三餐的饮食，我们还可以选择用蔬菜和水果搭配而成的蔬果汁来补充营养，为肝肾提供能量，只要选对了蔬菜水果，我们就可以喝出健康。

　　具有保肝护肾功效的水果有：苹果、桑葚、柠檬、樱桃、橙子等；具有保肝护肾功效的蔬菜有：黄瓜、南瓜、海带、西红柿、胡萝卜等。

重要提示
具有过敏体质的人，不建议饮用此款果汁。

黄瓜芹菜汁

原料 >

黄瓜 300 克　　柠檬 50 克　　芹菜 30 克　　白糖少许

作法 > ❶黄瓜洗净，去蒂，稍焯水备用；柠檬洗净后切片；芹菜洗净切小丁。❷将黄瓜切碎，与柠檬、芹菜放入榨汁机内加少许水榨成汁。取汁，兑入白糖拌匀。

小常识 > 黄瓜是糖尿病患者首选的食品之一，但脾胃虚弱、腹痛腹泻、肺寒咳嗽者应少吃黄瓜。生吃黄瓜可以美容养颜，黄瓜汁能降火气，排毒养颜，黄瓜末用来敷在脸上能祛痘，黄瓜把儿含有较多苦味素，苦味成分为葫芦素C，具有明显的抗肿瘤作用。

◎ 营养功效

◎黄瓜富含蛋白质、脂肪、碳水化合物、钙等营养成分，有清热利水、解毒消肿、生津止渴的功效。柠檬含有蛋白质、脂肪、钙、磷、铁等营养物质，对肝脏有修复能力。常饮此款蔬果汁，有保肝护肾、解毒消肿的功效。

重要提示
苹果要多清洗几遍，以洗去果皮上残留的农药。

重要提示
西瓜汁过滤后可使果汁看起来较清澈，饮用时最好搅匀后再喝。

苹果香蕉柠檬蜜汁

原料 >

香蕉1根　苹果1个　柠檬半个　蜂蜜适量

作法 > ❶香蕉去皮，切小块；苹果洗净，去核，再切成小块；柠檬洗净，去皮，切碎。❷将所有的材料倒入榨汁机内搅打成汁。❸最后加适量蜂蜜拌匀即可饮用。

◎ 营养功效

◎苹果含有丰富的碳水化合物、果胶、维生素A等营养成分。有利于排除人体多余的水分。香蕉含有丰富的维生素、纤维、矿物质等营养成分，有润肠通便、清热解毒的功效，常饮此款蔬果汁，能排除人体毒素，保肝护肾。

爽口柳橙西瓜汁

原料 >

柳橙2个　　西瓜150克　糖水30毫升

作法 > ❶柳橙洗净，切开，去皮备用。❷西瓜洗净，去皮、子，切成块。❸将切好的柳橙和西瓜放入榨汁机榨汁，最后滤渣取汁倒入糖水搅匀即可。

◎ 营养功效

◎柳橙含有丰富的维生素C、钙、磷、钾等营养成分，有美容养颜的功效。西瓜有清热解毒、除烦止渴、利尿的功效，是首推的天然养肝食物。此款蔬果汁有保肝护肾的作用。

重要提示
患有低血压症状的人，不宜饮用此款果汁。

重要提示
患有胃溃疡的人，不建议饮用此款果汁。

南瓜椰奶汁

原料 >

南瓜 100 克　　椰奶 50 毫升　　红砂糖 10 克

作法 > ❶将南瓜去皮，洗净后切丝，用水煮熟后捞起，沥干。❷将所有材料放入榨汁机内，加冷开水，搅打成汁即可。

> ### ☺ 营养功效
>
> ◎南瓜含有蛋白质、脂肪、碳水化合物、膳食纤维等营养物质，有补中益气、清热解毒的功效。柠檬含有蛋白质、脂肪、糖类等营养成分，对肝脏有修复能力。常饮此款蔬果汁，有修复肝脏的功效。

西红柿蔬菜汁

原料 >

  西红柿 150 克

西芹 2 条　　黄瓜 1 根　　青椒 1 个　　生菜 100 克

作法 > ❶西红柿洗净，切块；西芹、青椒洗净，切片；黄瓜洗净，切片；生菜洗净，切段。❷将西红柿、西芹、青椒、黄瓜、生菜、矿泉水放入榨汁机内，调匀即可。

> ### ☺ 营养功效
>
> ◎西红柿含有丰富的碳水化合物、维生素、钙、磷及胡萝卜素，柠檬酸等，对肾炎患者有利尿的功效。芹菜有及时吸收、补充自身所需要的营养，维持正常的生理功能，增强人体抵抗力功效，常饮此款蔬果汁，能保肝护肾。

重要提示
要买软软的柠檬，不要买太硬的柠檬，太硬的柠檬会很酸。

重要提示
患有痢疾症状的人，不建议饮用此款果汁。

柠檬桃汁

原料 >

桃子2个

柠檬2个

蜂蜜30毫升

作法 > ❶将柠檬洗净，对半切开后榨成汁备用。❷将桃子去皮、核，倒入榨汁机中榨汁。❸最后将柠檬汁和桃子汁倒入大杯中加蜂蜜搅拌均匀即可。

◎ 营养功效

◎柠檬汁中含有大量柠檬酸，能够抑制钙盐结晶，从而阻止肾结石形成，甚至已经形成的结石也可以被溶解掉。所以食用柠檬能防治肾结石，使部分慢性肾结石患者的结石减少、排出。此款果汁能起到保肝护肾的作用。

木瓜菠萝汁

原料 >

木瓜半个

菠萝60克

柠檬汁适量

作法 > ❶将木瓜和菠萝分别去皮后，用清水洗净，切成适量大小的均匀块。❷将木瓜和菠萝放入榨汁机一起搅打成汁。❸最后调入适量柠檬汁拌匀即可饮用。

◎ 营养功效

◎木瓜含有番木瓜碱、木瓜蛋白酶、木瓜凝乳酶、番茄烃、B族维生素、维生素C、维生素E、糖分、蛋白质、脂肪、胡萝卜素等营养成分，有养肝明目、舒筋活络的功效。长期饮用此款果汁，能养肝明目。

葡萄柚汁

原料 >

葡萄柚 2 个

作法 > ❶将葡萄柚用清水洗净，再对半切开。❷将葡萄柚放入榨汁机中，榨取汁液。❸把葡萄柚汁倒入杯中即可。

◎ 营养功效

◎葡萄柚中富含钾元素，却几乎不含钠元素，对心脏病以及肾脏病能起到很好的辅助治疗作用。长期饮用此款果汁，能改善体质，还可以降低癌症发生的概率，能起到保肝护肾的作用。

1

2

3

重要提示
鲜榨果汁最好现榨现饮，不宜放置时间过久，否则味道变酸。

柳橙汁

原料 >

柳橙 2 个

作法 > ❶柳橙用水洗净，切成两半。
❷用榨汁机挤压出柳橙汁。❸把柳橙
汁倒入杯中即可。

✿ 营养功效

◎橙子中含有丰富的果胶、蛋白质、
钙、磷、铁及维生素B_1、维生素B_2、
维生素C等，尤其维生素C含量很高，
有很好的补益作用，能软化和保护血
管、降低胆固醇和血脂。适当饮用此
款果汁，能起到保肝护肾的作用。

1

2

3

重要提示
要选用皮薄、呈
红色或朱黄色，
而且拿起来感觉
重的柳橙。

重要提示
对菠萝具有过敏反应者，不宜饮用此款果汁。

重要提示
对芒果具有过敏反应者，不宜饮用此款果汁。

菠萝柠檬汁

原料 >

菠萝 200 克

柠檬汁 50 毫升

作法 > ❶菠萝表皮除净，再用清水洗净，切成等份小块。❷把菠萝和柠檬汁一起放入榨汁机内，搅打均匀后过滤果肉，将果汁倒入杯中即可。

◎ 营养功效

◎菠萝含有糖、盐、酶、膳食纤维，常食对高血压症有益。此外菠萝中含维生素A、B族维生素、维生素C,钙、磷、钾等矿物质,脂肪,蛋白质等营养成分，对人体十分有益，此款果汁有保护肝脏，保护视力的功效。

芒果柠檬蜜汁

原料 >

芒果 2 个

柠檬半个

蜂蜜少许

作法 > ❶将芒果用清水洗净，去皮、去核，切成等份小块；柠檬用清水洗净，切片。❷将所有材料一起放入榨汁机榨汁；最后调入适量蜂蜜拌匀。

◎ 营养功效

◎芒果中含维生素A、维生素C、膳食纤维、蛋白质、脂肪等营养成分，有保护视力的功效。柠檬富含维生素C、糖类、钙、磷、铁、等营养成分，能预防感冒、抵抗维生素C缺乏病。长期饮用此款果汁，能保肝护肾，明目增视。

保肝护肾蔬果汁荟萃

牛奶蔬果汁

原料：苹果1个，油菜100克，牛奶适量

健康橘蒡水梨汁

原料：金橘50克，牛蒡70克，梨150克，冷开水1杯

芭蕉生菜西芹汁

原料：芭蕉3个，生菜100克，西芹100克，柠檬半个

菠萝橙子西芹汁

原料：菠萝100克，苹果、橙子各半个，西芹叶5克

木瓜蔬菜汁

原料：木瓜1个，紫色包菜80克，圣女果150克，果糖5克

洋葱汁

原料：洋葱70克，山楂5颗，草莓50克，柠檬半个

强体果汁

原料：鸡蛋1个，橙子1个，柠檬汁10毫升，蜂蜜适量

芦笋菠萝汁

原料：芦笋60克，菠萝100克，牛奶300毫升

菠密包菜汁

原料：菠菜100克，哈密瓜150克，包菜50克，柠檬汁少许

甘苦汁

原料：苦瓜100克，胡萝卜200克，菠萝150克，蜂蜜3克

甜椒芹菜汁

原料：甜椒1个，芹菜30克，油菜1根，柠檬汁少许

芭蕉果蔬汁

原料：柠檬半个，芭蕉2个，白萝卜100克，火龙果20克

润肺止咳

　　咳嗽是呼吸道疾病常见的一种症状，肺主气，可以吸入新鲜空气，呼出二氧化碳，维持人的正常生命活动。润肺止咳是指用养阴润肺治疗阴虚咳嗽。如果咽喉感到不适，会产生口干渴感，在暑热天气里容易引发焦虑、烦躁的情绪，有时也会引发咳嗽症状。因此，我们一定要注意做好润肺止咳的保养工作。

　　要做到润肺止咳，不需要多烦琐的方法，只要在日常生活中多注意选择合适的蔬果汁饮用，就能起到良好的效果。有时，对于某些症状较轻微的咳嗽，可以单纯靠日常饮食的调理来改善，而不一定要采用药物治疗。

　　能起到润肺止咳作用的水果有：西瓜、梨、橘子、柚子、橙子、苹果等；能起到润肺止咳作用的蔬菜有：冬瓜、丝瓜、生藕、竹笋、萝卜等。

　　以下将为大家介绍一些有润肺止咳功效的蔬果汁。

清爽西瓜汁

原料 >

西瓜 200 克　　　　薄荷叶适量

作法 > ❶将西瓜去皮去子，切大小适当的块；薄荷叶洗净切碎。❷将以上材料均放入榨汁机内搅打成汁，滤出果肉即可。

小常识 > 薄荷性凉，孕妇不宜多食，以尽量避免食用为好。又薄荷有抑制乳汁分泌的作用，所以哺乳中的妇女也不宜多用。

重要提示
患有胃溃疡疾病的人，不宜饮用此款果汁。

☺ 营养功效

◎西瓜富含维生素A、维生素B_2、维生素C，葡萄糖、蔗糖、果糖、苹果酸、谷氨酸和精氨酸等，有清热解暑、利小便、降血压的功效，对肾炎尿少、高血压等有一定的辅助疗效。此款果汁能清热解暑，润肺，止烦渴。

重要提示
大便稀薄、腹泻、咳嗽痰白稀者不宜食用雪梨。

重要提示
脾胃虚寒、腹部冷痛和血虚者不适宜饮用此款果汁。

橙子雪梨汁

原料 >

橙子1个

雪梨1个

作法 > ❶将橙子去皮、核，取肉放入榨汁机中。❷将雪梨去皮、核，切成均匀小块，放入榨汁机中。❸榨取汁液，倒入杯中饮用。

◎ 营养功效

◎橙子含有果胶、蛋白质、钙、磷、铁及维生素B$_1$、维生素B$_2$、维生素C等，有生津止渴、疏肝理气、通乳和消食开胃功效。雪梨能促进食欲，帮助消化，利尿通便和解热，可用于高热时补充水分和营养。此款果汁能润肺止咳。

清凉雪梨汁

原料 >

雪梨1个

作法 > ❶将雪梨洗净，切成均匀的小块。❷把雪梨放入榨汁机内，倒入适量的凉开水，搅打均匀后倒入杯中饮用即可。

◎ 营养功效

◎雪梨含有苹果酸、柠檬酸、维生素B$_1$、维生素B$_2$、维生素C、胡萝卜素等营养成分，有生津润燥、清热化痰、养血生津的功效。长期饮用此款果汁，能润肺止咳，降火解毒、降低血压。

重要提示
肠胃蠕动不善且功能欠佳者，不建议饮用此款果汁。

重要提示
具有胃溃疡症状的人，不建议饮用此款果汁。

橘子橙子苹果汁

原料 >

橙子1个

橘子2个

苹果1/4个

陈皮少许

作法 > ❶将苹果洗净，去皮去子，橘子、橙子带皮洗净，分别进行切块。❷将所有材料放入榨汁机一起搅打成汁。❸用滤网把汁滤出来即可。

◎ 营养功效

◎橘子含有丰富的维生素C、葡萄糖、果糖、蛋白质、脂肪、钙、磷、铁、锌等营养成分，有降低人体胆固醇、降血压、扩张心脏的冠状动脉、润肺止咳的功效。橘子榨汁，不仅味美可口，还有润肺止咳的功效。

苹果柠檬橙子汁

原料 >

橙子1个

苹果60克

柠檬半个

作法 > ❶将橙子洗净，去皮后切小块；苹果洗净，去皮、去子后切成小块；柠檬洗净，取半个压汁。❷将所有材料放入搅拌机内榨汁即可。

◎ 营养功效

◎苹果含有多种维生素、碳水化合物、维生素A、维生素C、维生素E、磷等，能生津润燥、增强记忆力。柠檬富含维生素C、糖类、钙、磷、铁等营养成分，有生津润肺、预防感冒的功效，长期饮用此款果汁，能润肺止咳。

西瓜蜜桃蜂蜜汁

原料 >

西瓜100克　香瓜1个　蜜桃1个　蜂蜜适量　柠檬汁适量

作法 > ❶将西瓜、香瓜去皮、去子，切块；蜜桃去皮、去核。❷将以上水果与冷开水一起放入榨汁机中，榨成果汁。最后再加入蜂蜜、柠檬汁拌匀即可。

◎ 营养功效

◎西瓜含有蛋白质、脂肪、果糖、苹果酸、瓜氨酸、谷氨酸等，能清热解暑、润肺止咳。桃子含有蛋白质、脂肪、钙、磷、铁等，有生津解渴、润肺止咳的功效。此款果汁能润肺止咳。

重要提示
肠胃蠕动不善且功
能欠佳者，不建议
饮用此款果汁。

重要提示
具有胃溃疡症状的
人，不建议饮用此
款果汁。

白萝卜蔬菜汁

原料 >

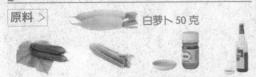

白萝卜50克

黄瓜1根　　芹菜50克　　蜂蜜20克　　醋适量

作法 > ❶将白萝卜洗净，去皮，切丝；芹菜洗净，切段；黄瓜去皮，切块。❷将所有材料一起倒入榨汁机中，加冷开水搅打成汁即可。

◎ 营养功效

◎白萝卜含蛋白质、碳水化合物、钙、磷、铁、芥子油、淀粉酶、粗纤维等营养成分，有下气、消食、除疾润肺、解毒生津，利尿通便的功效。长期饮用此款果汁，有润肺止咳、解毒生津的功效。

土豆莲藕香蕉汁

原料 >

土豆80克　莲藕80克　香蕉50克　蜂蜜20毫升

作法 > ❶将土豆及莲藕用清水洗净，均去皮煮熟，待凉后切小块；香蕉去皮，切小段。❷将上述材料放入搅拌机中搅打；最后倒出蔬果汁，加少许蜂蜜拌匀。

◎ 营养功效

◎土豆含有蛋白质、钾、锌、铁、维生素B₁、维生素B₂等，有和胃健脾的功效。莲藕含有蛋白质、脂肪、碳水化合物、膳食纤维等营养成分，能润肺止咳、增进食欲、开胃健中。长期饮用此款果汁，能和胃健脾、润肺止咳。

润肺止咳蔬果汁荟萃

西蓝花葡萄汁

原料：西蓝花 90 克，梨子 1 个，葡萄 200 克，碎冰适量

包菜香蕉蜂蜜汁

原料：包菜 150 克，香蕉 1 根，蜂蜜适量

莴笋葡萄柚汁

原料：莴笋 100 克，苹果 50 克，葡萄柚半个，冰块少许

香蕉包菜汁

原料：香蕉 50 克，包菜 50 克，牛奶 200 毫升

蜜枣龙眼汁

原料：干龙眼 30 克，胡萝卜 20 克，蜜枣 2 粒，砂糖适量

黄花菠菜汁

原料：黄花菜 60 克，菠菜 60 克，葱白 60 克，蜂蜜 30 毫升

芹菜桃橙哈密汁

原料：哈密瓜半个，芹菜 50 克，桃子 1 个，柳橙 1 个

西芹橘子哈密瓜汁

原料：西芹、橘子各 100 克，哈密瓜 200 克，蜂蜜、冷开水少许

胡萝卜柠檬梨汁

五色蔬菜汁

原料：胡萝卜 150 克，柠檬 1 个，梨子 1 个，凉开水 250 毫升

原料：芹菜，包菜，胡萝卜，土豆各 30 克，香菇 1 朵，蜂蜜 3 匙

胡萝卜山竹汁

原料：胡萝卜 50 克，山竹 2 个，柠檬 1 个，水适量

包菜菠萝汁

原料：包菜 100 克，菠萝 150 克，柠檬 1 个，冰块少许

降火去火

　　暑热天气、工作压力过大、饮食紊乱等等这些，都有可能引起上火现象。

　　中医认为，上火可分为心火，如心悸失眠、心烦；肝火，如烦躁、失眠、乳房胀痛；肺火，如咯血、咳嗽、黄痰；胃火，如胃疼、大便干、口臭；肾火，如耳鸣、脱发、寝食难安。这些上火现象都极为普遍，更需要注意调理方法。

　　在日常生活中，多吃些清淡、清凉的蔬菜和水果，就能起到降火去火的效果，而将这些蔬菜和果汁混合在一起，制成美味可口的蔬果汁，也是非常好的选择。

　　能起到降火去火作用的水果有：西瓜、梨、苹果、葡萄、菠萝、阳桃等；能起到降火去火作用的蔬菜有：苦瓜、芹菜、黄瓜、丝瓜、番茄、竹笋等。

重要提示
有胃酸过多现象及肠胃不适者，不宜饮用此款果汁。

┃白梨苹果汁

原料 >

白梨1个　　苹果1个　　香蕉1根

作法 > ❶将白梨、苹果均洗净，切块；香蕉剥皮后切块。❷将白梨、香蕉和苹果块榨汁，加入适量的蜂蜜，一起搅拌，再加入适量冰块即可。

小常识 > 挑选白梨时，应注意选择表皮光滑、无孔洞虫蛀、无碰撞的果实，且要能闻到果香。梨性寒，不宜多食，否则会引发腹泻。因梨含糖量高，过食会引起血糖升高，加重胰腺负担，糖尿病人应少食。

☺ 营养功效

◎梨含有丰富的蛋白质、脂肪、糖、钙、磷、铁等，有生津止渴、止咳化痰、清热降火、养血生肌、润肺去燥等功能。香蕉含有丰富的蛋白质、糖、钾、维生素A等，有润肠通便、清热解毒的功效。此款果汁能清热降火。

重要提示
有胃酸过多现象及肠胃不适者，不宜饮用此款果汁。

西瓜香蕉苹果汁

原料 >

西瓜70克　香蕉1根　菠萝70克　苹果半个　蜂蜜30克

作法 > ❶西瓜去皮、去子，切块；香蕉去皮后切成小块；菠萝、苹果去皮后均洗净切成小块。❷将上述材料放入搅拌机，高速搅打即可。最后加入蜂蜜拌匀。

◎ 营养功效

◎西瓜含有苹果酸、瓜氨酸、胡萝卜素、维生素A、B族维生素、维生素C等营养成分，能清热解暑，除烦止渴。香蕉含有糖、钾、维生素A等营养成分，有清热解毒、润肠的功效。长期饮用此款果汁，能降火去火。

重要提示
此款果汁有降压疗效，因此低血压患者不宜饮用此款果汁。

西红柿芹菜柠檬汁

原料 >

西红柿400克　　芹菜1棵　　柠檬1个

作法 > ❶西红柿洗净，切丁。❷芹菜洗净，切成小段；柠檬洗净，切成片。❸将所有的材料放入榨汁机内，搅拌2分钟即可。

◎ 营养功效

◎西红柿富含碳水化合物、膳食纤维、维生素A、胡萝卜素等，能平肝降火、养阴凉血、健胃消食。芹菜含有钙、磷、铁、蛋白质等营养成分，有清热解毒、祛病强身的功效。芹菜、西红柿合榨为汁，有清热解毒、降火的作用。

重要提示
有脾胃不和、虚寒泄泻现象者，不适宜饮用此款果汁。

重要提示
对菠萝具有过敏反应者，不宜饮用此款果汁。

青葡萄苹果蜂蜜汁

原料 >

青苹果1个　青葡萄150克　鲜奶15克　蜂蜜5克

作法 > ❶将青苹果、青葡萄用清水洗净，去皮、子。❷将葡萄、青苹果、鲜奶一起倒入榨汁机中榨汁。❸最后加入蜂蜜拌匀即可。

> ◎ **营养功效**
>
> ◎葡萄被人们视为珍果，其含有各种维生素、氨基酸、蛋白质、碳水化合物、粗纤维、钙、磷、铁、胡萝卜素等营养成分，有滋神益血、降压、开胃、清热解毒的功效。此款果汁有清热祛火的作用。

菠萝苹果橙子汁

原料 >

菠萝200克　　　苹果1个　　　橙子1个

作法 > ❶将菠萝洗净，去皮，切块；苹果洗净，去核，切块；橙子去皮、子，切块。❷将菠萝、橙子和苹果同时放入榨汁机里，压榨出果汁即可。

> ◎ **营养功效**
>
> ◎苹果含有蛋白质、脂肪、碳水化合物、粗纤维、维生素A、B族维生素、钾、钙等营养成分，有润肺止咳，解暑除烦，补中益气的功效。苹果与菠萝共榨汁，有美容养颜、润肺止咳、清热祛火的功效。

重要提示
脾胃虚寒、便溏泄泻者不宜饮用此款果汁。

重要提示
蓝莓上的白霜是非常有营养的，选购蓝莓时一定要注意。

阳桃柳橙蜜汁

原料 >

阳桃 2 个

柳橙 1 个

柠檬汁少许　　蜂蜜适量

作法 > ❶将阳桃洗净，切块，放入半锅水中，煮开后转小火熬煮4分钟，放凉；柳橙洗净，切块，备用。❷将阳桃倒入杯中，加入柳橙和辅料一起调匀即可。

⊚ 营养功效

◎阳桃含有蛋白质、脂肪、碳水化合物、膳食纤维、维生素A、胡萝卜素、苹果酸等营养成分，有助于增强机体抗病能力、促进食物消化、清热解毒的功效。阳桃与柳橙合榨为汁，有清热解毒、增强抵抗力的功效。

苹果蓝莓柠檬汁

原料 >

苹果 1/2 个

蓝莓 70 克

柠檬汁 30 毫升

作法 > ❶苹果用水洗净，带皮切成小块；蓝莓洗净。❷再把蓝莓、苹果、柠檬汁和水放入果汁机内，搅打均匀。最后将果汁倒入杯中即可。

⊚ 营养功效

◎苹果富含碳水化合物、维生素A、维生素C、维生素E、钾、锌、镁、抗氧化剂等，有降低胆固醇、清火的功效。蓝莓富含果胶、维生素C，消除体内炎症、延缓衰老、增强记忆力。此款果汁，有消炎、降火、养颜的功效。

重要提示

莴笋去皮后，可以先放在开水中焯一下，去掉涩味。

重要提示

选购西蓝花，以西蓝花颜色浓绿鲜亮、手感较沉重为佳。

莴笋西芹蔬果汁

原料 >

莴笋 80 克　　西芹 70 克　　哈密瓜 50 克　　猕猴桃半个

作法 > ❶莴笋洗净，切段；西芹洗净，切段；将哈密瓜去皮，切小块；猕猴桃去皮洗净，切块。❷将所有材料放入榨汁机内，搅打2分钟即可。

◎ 营养功效

◎莴笋含有蛋白质、脂肪、维生素A、维生素C等，可增进骨骼、毛发、皮肤发育。此款蔬果汁有清热解毒的功效，能改善湿疹症状。

西蓝花猕猴桃汁

原料 >

西蓝花 50 克　　青苹果 1个　　猕猴桃 1个

作法 > ❶将西蓝花洗净，切成小块；青苹果洗净切丁；猕猴桃去皮，挖出果肉。❷将以上所有原料放入榨汁机中榨成汁。❸最后将榨好的汁倒入杯中即可。

◎ 营养功效

◎西蓝花含有丰富的蛋白质、膳食纤维、维生素A等，有防癌抗癌、解毒肝脏的功效。猕猴桃富含蛋白质维生素B₁、维生素C、胡萝卜素等，有清热止渴、和胃降逆的功效，三者合榨成汁，可清热降火、生津止渴。

降火去火蔬果汁荟萃

西红柿芹菜柠檬汁

原料： 西红柿300克，芹菜100克，柠檬半个，冷开水250毫升

菠萝香瓜汁

原料： 菠萝半个，香瓜1个，西红柿100克，蜂蜜少许

艳阳之舞

原料： 西瓜100克，料酒30毫升，七喜、柠檬汁、糖水各少许

桃子橘子汁

原料： 桃子半个（100克），橘子1个，蜂蜜1小勺

香蕉茶汁

原料： 香蕉100克，茶叶水、蜂蜜各少许

哈密瓜柠檬汁

原料： 哈密瓜250克，柠檬半个，蜂蜜适量

木瓜牛奶

原料： 木瓜200克，牛奶200毫升，蜂蜜5克

芒果牛奶

原料： 芒果100克，哈密瓜200克，牛奶200毫升

蓝莓雪乳

原料： 蓝莓200克，酸奶200毫升，冰块适量

火龙果菠萝汁

原料： 火龙果150克，菠萝50克，冷开水60毫升

蜂蜜阳桃汁

原料： 阳桃1个，蜂蜜少许，冷开水200毫升

白梨香蕉无花果汁

原料： 白梨1个，无花果50克，香蕉1根，牛奶少许

防治脱发

　　每个人都想拥有既健康自然，又乌黑秀美的头发，而且头发的健康也直接关系到个人的形象，对提升气质也有重大帮助。只是，在现代社会中，人们面临来自各方面的压力，由于身体机能的衰弱、饮食上的不规律，导致脱发现在严重，也致使脱发问题成了一个严峻的现实问题。

　　防治脱发，通过平日多摄入绿色蔬菜、蔬果汁、豆制品、谷物类食品等，就能起到一定作用，不一定要依靠药物的治疗。坚持每天饮用蔬果汁，再适当调整生活作息，适度缓解压力，就一定能改善脱发。

　　具有防治脱发作用的水果有：猕猴桃、葡萄、香蕉、柑橘、苹果等；对具有防治脱发作用的蔬菜有：芹菜、菠菜、红薯、海带、西蓝花、西红柿等。

重要提示

红葡萄酒不宜放太多，否则口味会变成葡萄酒味。

葡萄石榴汁

原料 >

石榴 2 个　　　　葡萄 15 颗　　　　葡萄酒 50 毫升

作法 > ❶将石榴剥开，取果肉；将葡萄洗净，去皮。❷将石榴与葡萄放入榨汁机中，倒入冷开水，搅成果汁。最后加入葡萄酒拌匀即可。

小常识 > 石榴有甜石榴和酸石榴之分，可依据自己喜好选购。选购时，以果实饱满、重量较重，且果皮表面色泽较深为好。石榴酸涩有收敛作用，感冒及急性盆腔炎、尿道炎等患者慎食；大便秘结者应忌食；多食石榴会伤肺损齿。

◎ 营养功效

◎葡萄酒含有葡萄酸、柠檬酸、苹果酸等营养成分，能够有效地调解神经中枢、舒筋活血、防止脱发。葡萄含有糖类、蛋白质、脂肪、维生素等营养成分，有舒筋活血、开脾健胃、助消化的功效。常饮用此果汁，能防治脱发。

重要提示
因香蕉很甜，所以此款果汁不需要额外加糖或蜂蜜。

重要提示
制作此款果汁时，最好加入少许碎冰以提升味觉。

香蕉火龙果牛奶汁

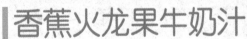

原料 >

香蕉1根

火龙果少许

牛奶50毫升

作法 > ❶将香蕉去皮，切成段；火龙果去皮，切成小块，与牛奶、香蕉一起放入榨汁器中，搅打成汁。❷将香蕉火龙果牛奶汁倒入杯中即可。

◎ 营养功效

◎香蕉富含钾、蛋白质、纤维素等，有增强免疫力的功效。牛奶含有高级的脂肪、各种蛋白质、维生素、矿物质，特别是含有较多B族维生素，能滋润肌肤，保护表皮、防裂，使头发乌黑减少脱落，起到防治脱发作用。

橘子马蹄蜂蜜汁

原料 >

马蹄50克

橘子250克　　蜂蜜适量

豆浆200毫升

作法 > ❶将橘子去除皮、子；马蹄洗净去皮取肉。❷将豆浆、蜂蜜、橘子、马蹄一起放入榨汁机中，充分混合搅拌2分钟，再取出倒入杯中饮用即可。

◎ 营养功效

◎橘子含有大量的维生素C和香精油，有理气化痰、健胃除湿、降低血压的功效。豆浆含丰富的植物蛋白，磷脂，维生素B_1、维生素B_2，烟酸和铁、钙等矿物质，有助于维持皮肤和头发的健康。此款果汁可防治脱发。

重要提示
要选择果皮呈黄褐色，富有光泽且果毛细而不易脱落的猕猴桃。

重要提示
喝时可以再往里加点冰块，会更加爽口。

酸甜猕猴桃柳橙汁

原料 >

猕猴桃1个　　　柳橙1个　　　　香蕉1根

作法 > ❶将柳橙洗净，去皮；香蕉去皮。❷将猕猴桃用清水洗净，切开取果肉。❸将柳橙、猕猴桃肉、香蕉一起放入榨汁机中榨汁，搅匀即可。

> ◎ **营养功效**
>
> ◎猕猴桃含有蛋白质、磷、钙、胡萝卜素等营养成分，有预防心血管疾病，改善睡眠品质，防治脱发的功效。香蕉富含钾、蛋白质、纤维素等营养成分，有增强免疫力的功效。常饮用此款果汁，能治疗脱发等症。

西红柿胡萝卜汁

原料 >

西红柿半个　胡萝卜80克　菠菜50克　橙子1个

作法 > ❶将西红柿洗净，切块；胡萝卜洗净，切片；菠菜洗净，切段；橙子去皮切块备用。❷将以上原料一起放入榨汁机中榨汁即可。

> ◎ **营养功效**
>
> ◎西红柿含有碳水化合物、维生素、钙、磷、胡萝卜素，柠檬酸等营养成分，有保护皮肤，防止头发脱落的功效。胡萝卜含有丰富的胡萝卜素，维生素C和B族维生素，有增强抵抗力的功效。常饮用此款果汁，能防治头发脱落。

防治脱发蔬果汁荟萃

香芹苹果汁

原料：香芹 80 克，苹果 150 克，柠檬 1 个，糖水 50 毫升

橘子优酪乳

原料：橘子 2 个，优酪乳 250 毫升

哈密瓜蜂蜜汁

原料：哈密瓜 220 克，蜂蜜 30 毫升，豆浆 180 毫升

木瓜哈密瓜汁

原料：木瓜 200 克，哈密瓜 20 克，鲜奶 90 克

芒果豆奶汁

原料：芒果 1 个，豆奶 300 毫升，纯蜂蜜 1~2 汤匙，碎冰适量

南瓜豆浆汁

原料：南瓜 60 克，豆浆 3/4 杯，果糖适量

西红柿酸奶

原料：西红柿 100 克，酸奶 300 克

滋养多果汁

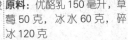

原料：优酪乳 150 毫升，草莓 50 克，冰水 60 克，碎冰 120 克

白梨无花果汁

原料：白梨 1 个，无花果 50 克，香蕉 1 根，豆浆适量

胡萝卜苜蓿汁

原料：胡萝卜 50 克，苜蓿 50 克，苹果半个，冰糖适量

西蓝花芦笋汁

原料：西蓝花 60 克，芦笋 15 克，包菜 30 克，蜂蜜 1 小勺

莴笋汁

原料：莴笋 200 克，菠萝 45 克，蜂蜜 2 汤匙，冷开水 300 毫升

通便利尿

在现在社会中，便秘、小便不利等症状的发病率越来越高，这其中除了患者自身身体状况不佳的原因外，跟工作压力、饮食习惯等也有着密切联系。生活中最常见的通便利尿方法，就是通过食物来达到润肠的效果，这也是最健康的方法。

蔬果汁主要以新鲜的蔬菜和水果为主要原料，经过洗净、切碎、压榨而获取汁液，其中主要含有矿物质、维生素、蛋白质、胡萝卜素、纤维素等营养成分，常喝蔬果汁，有助于促进肠蠕动，排出体内的毒素，有助于通便利尿。

具有通便利尿作用的水果有：苹果、西瓜、草莓、柠檬、橘子等；具有通便利尿作用的蔬菜有：西红柿、笋、菠菜、白萝卜、红薯等。

重要提示
有胃溃疡症状的患者，不宜饮用此款果汁

苹果菠萝桃子汁

原料 >

苹果1个　　菠萝300克　　桃子1个　　柠檬1个

作法 > ❶将苹果洗净，去皮切块；菠萝去皮，洗净切成块；桃子洗净，去核，切块；柠檬洗净，切片。❷将所有的原材料放入搅拌机内榨成汁即可。

小常识 > 选购苹果时，以色泽浓艳、外皮苍老、果皮外有一层薄霜的为好。苹果富含糖类和钾盐，冠心病、心肌梗死、肾病、糖尿病的人不宜多吃。吃苹果时要细嚼慢咽，这样不仅有利于消化，更重要的是对减少人体疾病大有好处。

◎ 营养功效

◎苹果含有丰富的膳食纤维、钾、钙、铁、磷等，有助于促进肠道蠕动。菠萝含有碳水化合物、钙、磷、维生素等，有润肠通便、清暑解渴的功效。柠檬含有维生素C、柠檬酸等，有预防感冒的功效。此款果汁能通便利尿。

重要提示

对菠萝有过敏反应者，不宜饮用此款果汁。

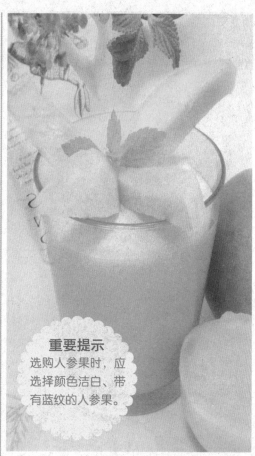

重要提示

选购人参果时，应选择颜色洁白、带有蓝纹的人参果。

▌爽口橘子菠萝汁

原料 >

橘子1个　　菠萝50克　　薄荷叶1片　　陈皮2克

作法 > ❶将橘子去皮，掰开成瓣；菠萝去皮，洗净，切块；陈皮泡发；薄荷叶洗净。❷将所有材料放入榨汁机一起搅打成汁，滤出果肉即可。

营养功效

◎橘子富含维生素C、柠檬酸、膳食纤维、果胶等营养成分，可以促进通便、降低胆固醇、消除疲劳。菠萝含有丰富的果糖、葡萄糖、氨基酸、酶等营养物质，有利尿、消肿的功效。经常饮用此款果汁，能利尿通便。

▌芒果人参果汁

原料 >

芒果1个　　　人参果1个　　　柠檬半个

作法 > ❶芒果与人参果洗净，去皮、子，切块，放入榨汁机中榨汁。❷柠檬洗净，切成块，放入榨汁机中榨汁。❸将柠檬汁与芒果人参果汁、冷开水搅匀即可。

营养功效

◎芒果中含有大量的纤维，可以促进排便，对于防治便秘具有一定的好处。人参果含有大量的维生素、蛋白质等营养成分，有增强活力、防癌的功效。常饮此款果汁，能润肠通便，提神健脑。

重要提示
产妇、肾功能不全、糖尿病、口腔溃疡患者不宜食用西瓜。

重要提示
糖尿病患者，以及有过敏现象的人，不宜饮用此款果汁。

西瓜苹果姜汁

原料 >

西瓜 200 克

苹果 2 个

生姜 2 片

作法 > ❶将西瓜切开，挖出果肉；苹果洗净去皮切块；生姜洗净，去皮切细粒。❷将以上原材料均放入榨汁机中榨汁。❸最后倒入杯中即可饮用。

🏠 营养功效

◎西瓜含水量高达96.6%，含有大量蔗糖、果糖、葡萄糖、维生素A、B族维生素、维生素C和烟酸等，具有开胃助消化、解渴生津、利尿去暑、降血压、滋补身体的功效。夏天常饮此款果汁，能通便利尿。

清凉西瓜柳橙汁

原料 >

西瓜 200 克

柳橙 1 个

作法 > ❶把西瓜切块状，去皮。❷柳橙用水洗净，去皮，切成小块。❸把西瓜与柳橙放入果汁机中，搅打均匀即可。

🏠 营养功效

◎柳橙含有丰富的膳食纤维，维生素A、B族维生素、维生素C、磷、苹果酸等，有助于促进肠道蠕动，缓解便秘。西瓜与柳橙共榨汁，经常饮用此款果汁，可以通便利尿。

通便利尿蔬果汁荟萃

木瓜柳橙汁

原料： 木瓜 100 克，柳橙 1 个，柠檬半个，酸奶 120 毫升

蜜柑汁

原料： 蜜柑 250 克，蜂蜜适量，豆浆 200 毫升

葡萄柚梨子汁

原料： 红葡萄柚半个，白葡萄柚半个，梨子 2 个，碎冰适量

橙子柠檬鸡蛋饮

原料： 橙子 1 个，柠檬半个，鸡蛋 1 个

蜜柑香蕉汁

原料： 蜜柑 60 克，香蕉 1 根

芒果哈密瓜汁

原料： 芒果 150 克，哈密瓜 150 克，橘子 50 克

番石榴葡萄柚汁

原料： 红葡萄 100 克，番石榴半个，柚子 80 克，柠檬 1 个

草莓优酪汁

原料： 草莓 10 颗，原味优酪乳适量

葡萄西蓝花白梨汁

原料： 葡萄 150 克，西蓝花 50 克，白梨半个，柠檬汁各少许

桑葚青梅阳桃汁

原料： 桑葚 80 克，青梅 40 克，阳桃 5 克，冷开水适量

贡梨柠檬优酪乳

原料： 贡梨 1 个，柠檬 1 个，优酪乳 150 毫升

西红柿芹菜豆腐汁

原料： 西红柿 1 个，芹菜 30 克，嫩豆腐 100 克，柠檬半个

抗辐射

　　在现代社会中，手机、电脑，还有日常生活中种类繁多的家用电器等，都是人们接受辐射的来源。我们每天在这样的环境中生活，日积月累，这些大大小小的辐射会对我们的身体造成很多危害。

　　研究表明，辐射会使得人体各种器官提前衰老、老化，甚至引发病变。因此，我们平时要多食用高蛋白、抗氧化、抗辐射的食物，不仅能抗辐射，也能延缓衰老。蔬果汁中富含抗氧化剂，维生素等营养成分，能够延缓衰老。

　　能起到抗辐射作用的水果有：香蕉、橙子、柠檬、火龙果、苹果、猕猴桃等；能起到抗辐射作用的蔬菜有：西红柿、菠菜、西蓝花、冬瓜、胡萝卜、洋葱等。

重要提示
为提升味觉，可以加入适量碎冰，味道更清爽可口。

香蕉柳橙蜂蜜汁

原料 >

香蕉1根　　　柳橙2个　　　蜂蜜适量

作法 > ❶将香蕉、柳橙去皮，切成均匀小块。❷将所有材料放入榨汁机内，加适量冷开水，搅打成汁即可。

小常识 > 挑选香蕉时，应选没有黑斑、肥大饱满的香蕉，其品质较好。因香蕉含有多量的钾，故胃酸过多、胃痛、消化不良、肾功能不全者应慎用。香蕉含易为婴儿吸收的果糖，对于腹泻不止的乳糖酶缺乏儿，可作为主食喂养。

◎ 营养功效

◎香蕉含有大量的碳水化合物、膳食纤维等营养成分，有消炎解毒、抗辐射的功效。柳橙含有大量的维生素C，有美容养颜、抗辐射的功效。常饮用此款果汁，能消炎解毒、抗辐射。

重要提示

糖尿病患者，以及有过敏现象的人，不宜饮用此款果汁。

重要提示

适当饮用即可，高血压患者不宜饮用此款果汁。

美味柳橙香瓜汁

原料 >

柳橙1个

香瓜1个

柠檬1个

作法 > ❶将柠檬洗净，去皮切片；柳橙、香瓜洗净去皮，切块。❷将柠檬、柳橙、香瓜放入榨汁机榨成汁。可向果汁中加少许冰块。

◎ 营养功效

◎香瓜含有苹果酸、葡萄糖、氨基酸、甜菜茄、维生素C等丰富营养；柳橙能够抗氧化、强化免疫系统，抑制肿瘤细胞生长。此款果汁可抗辐射、抗衰老。

沙田柚柠檬汁

原料 >

沙田柚500克

柠檬1个

作法 > ❶将沙田柚的厚皮去掉，再适当去除内皮和子，切成大小适当的块。❷将柠檬洗净，去皮，切小块。❸将柚子肉、柠檬肉放入榨汁机内榨成汁即可。

◎ 营养功效

◎沙田柚性寒、味甘，有止咳平喘、健脾消食的作用；柠檬富含维生素C、烟酸、奎宁酸、柠檬酸、苹果酸、橙皮苷、柚皮苷、香豆精、高量钾元素等营养物质，有抵抗辐射、增强免疫力的功效。此款果汁适合上班族饮用。

重要提示
榨汁后，有些果汁
放入冰箱冷藏一段
时间后饮用会更好
喝。

重要提示
将西芹洗净后切成
细碎小条，更容易
榨出汁液。

红糖西瓜蜂蜜饮

原料 >

柳橙 100 克　西瓜 200 克　蜂蜜适量　红糖少许

作法 > ❶将柳橙洗净，去皮切片；西瓜洗
净，去皮去子，取肉。❷将柳橙和西瓜放入
榨汁机中榨汁。❸最后倒出果汁，加入少许
蜂蜜和红糖搅拌均匀即可。

ⓒ 营养功效

◎蜂蜜含有维生素B_1、维生素B_2、维生素B_6及
铁、钙、铜、锰、磷、钾等营养成分，能延年
益寿、抗辐射。西瓜含有丰富的水分、多种
氨基酸、糖类等营养成分，能清暑解热、抗辐
射。常饮此款果汁，可以延年益寿、抗辐射。

西红柿苹果醋汁

原料 >

西红柿 1 个　西芹 15 克　苹果醋 1 大勺　蜂蜜 1 小勺

作法 > ❶将西红柿去皮并切块；西芹撕去
老皮，洗净并切成小块。❷将所有材料放入
榨汁机一起搅打成汁，滤出果肉即可。

ⓒ 营养功效

◎西红柿含有胡萝卜素、维生素B_1、维生素
B_2、烟酸、维生素C、维生素K、维生素P等营
养成分，有助消化、提高免疫力、防辐射的功
效。苹果醋有美容养颜、消除疲劳的作用。常
饮用此款果汁，能抗辐射、增强免疫力。

重要提示
选择大根一点的新鲜胡萝卜，汁水会丰富些。

重要提示
选购时要闻一闻香瓜的头部，有香味的瓜一般比较甜。

胡萝卜南瓜苹果汁

原料 >

胡萝卜250克　南瓜60克　青苹果50克　脱脂奶粉适量

作法 > ❶南瓜去皮，切块蒸熟。❷胡萝卜、青苹果洗净，去皮，切小丁；脱脂奶粉用水调开。❸将所有材料放入榨汁机中，搅拌2分钟即可。

◎ 营养功效

◎胡萝卜中含有丰富的天然胡萝卜素，是一种强有力的抗氧化剂，能有效保护人体细胞免受损害，从而避免细胞发生癌变。长期食用胡萝卜，能使人体少受辐射的损害。胡萝卜、南瓜、牛奶合榨汁，不仅味美可口，还能抗辐射。

柠檬柳橙香瓜汁

原料 >

柠檬1个　　　柳橙1个　　　香瓜1个

作法 > ❶柠檬洗净，切块；柳橙去皮后取出子，切成可放入榨汁机的大小；香瓜洗净，去子，切块。❷将柠檬、柳橙、香瓜依序放入榨汁机中，搅打成汁即可。

◎ 营养功效

◎柠檬含有丰富的维生素C，能抗辐射。柳橙含有丰富的膳食纤维，维生素A、B族维生素、维生素C、磷、苹果酸等营养成分，有抗氧化、防辐射的功效。香瓜含有维生素C、矿物质等营养成分，能消暑热。此款果汁能够抗辐射。

重要提示
用清水加少许盐将樱桃浸泡一会儿可去除表皮残留物。

重要提示
注意选择新鲜的嫩黄瓜，老黄瓜里面有子，不宜选用。

樱桃菠萝柠檬汁

清凉黄瓜蜜饮

原料 >

樱桃 8 颗　　菠萝 50 克　　柠檬 1 个　　　蜂蜜 10 克

作法 > ❶将樱桃洗净；菠萝去皮，洗净，切小块；柠檬洗净，去皮切薄片。❷将以上原料放入榨汁机中再加冷开水榨汁，最后倒入杯中调入蜂蜜搅拌均匀即可。

原料 >

黄瓜 100 克　　　　蜂蜜适量

作法 > ❶将黄瓜洗净，切丝，放入沸水中余烫，备用。❷将黄瓜丝、冷开水放入榨汁机中，搅拌成汁，再加入蜂蜜，调拌均匀即可。

◎ 营养功效

◎樱桃可以抗贫血，促进血液生成。樱桃含铁量高，铁是合成人体血红蛋白、肌红蛋白的原料，在人体免疫、蛋白质合成及能量代谢等过程中，发挥着重要的作用。经常食用樱桃鲜果汁，能增强人体免疫力，抗辐射。

◎ 营养功效

◎黄瓜含有维生素C、蛋白质、钙、磷、铁、胡萝卜素、维生素B_2、维生素E等营养成分，有降血压、防辐射、抗癌的功效。常饮用此款果汁，有美容养颜、防辐射、延年益寿、降血压的功效。

抗辐射蔬果汁荟萃

香蕉油菜汁

原料：香蕉半根，油菜1棵，水300克

蔬菜菠萝汁

原料：茼蒿、包菜、菠萝各100克，冰块少许

黄瓜汁

原料：黄瓜300克，柠檬50克，白糖、凉开水少许

芹菜芦笋汁

原料：芹菜70克，芦笋2根，蜂蜜1勺，牛奶300毫升

西瓜橙子汁

原料：橙子100克，西瓜200克，蜂蜜适量，红糖、冰块各少许

胡萝卜芹菜汁

原料：胡萝卜500克，芹菜200克，包菜100克，柠檬汁少许

葡萄哈密瓜汁

原料：哈密瓜150克，葡萄70克，水100毫升

芦笋洋葱汁

原料：芦笋50克，香菜10克，洋葱15克，红糖2大匙

苹果黄瓜柠檬汁

原料：苹果1个，黄瓜100克，柠檬半个

苹果猕猴桃汁

原料：苹果半个，猕猴桃1个，蜂蜜1小勺，冰水200毫升

包菜苹果汁

原料：包菜、苹果各100克，柠檬半个，冷开水500毫升

西红柿柠檬鲜蔬汁

原料：西红柿150克，西芹2条，青椒1个，柠檬1/3个

防癌抗癌

　　癌症又称恶性肿瘤，是局部组织的细胞增长速度高于正常细胞增长而引起的疾病外，而且恶性细胞会转移到其他组织。引发癌症的因素有许多，除了长期患有与癌症有关的疾病外，环境污染、遗传、受辐射等都有可能致使身体各部位组织发生病变，引发癌症。平时多喝水，多吃富含维生素C、膳食纤维及花青素的食物，能够防癌抗癌，而选用一些具有防癌抗癌作用的蔬菜和水果榨成汁饮用，也是一种很好的选择。

　　能起到防癌抗癌作用的水果有：草莓、山楂、柚子、橙子、柠檬、猕猴桃等；能起到防癌抗癌作用的蔬菜有：菠菜、西红柿、芹菜、莴笋、萝卜等。

重要提示
如果在榨汁机上加几滴醋，榨出的果汁滋味更香甜可口。

▋沙田柚草莓蓝莓汁

原料 >

蓝莓 40 克　　沙田柚 100 克　　草莓 20 克　　酸奶 200 毫升

作法 > ❶将沙田柚去皮，切成小块。❷草莓、蓝莓均洗净，去蒂，对半切开。❸将沙田柚、蓝莓、草莓、酸奶一同放入搅拌机内搅打成汁即可。

小常识> 挑选沙田柚时，要注意挑选体形圆润、表皮光滑、质地有些软的。肾病患者、呼吸系统不佳的人适合食用沙田柚，但不能与药品同服。脾虚泄泻的人吃了柚子会腹泻，粗纤维的柚子可能未消化完毕就被排出体外，因此不宜食用。

◎营养功效

◎草莓中含有鞣酸，能保护机体免受致癌物的伤害，有一定抗癌作用，能生津止渴、利咽润肺，对缓解鼻咽癌、肺癌、喉癌患者放疗反应、减轻症状有益。沙田柚能健胃、补血、清肠。此款果汁能健胃、防癌抗癌。

重要提示
榨取此款果汁时，最好把材料中的水果分开榨汁。

重要提示
榨取果汁时，可根据个人喜好来增加酸奶的分量。

柳橙油桃姜糖饮

猕猴桃柳橙酸奶汁

原料 >

油桃4个　柳橙适量　细黄砂糖1汤匙　磨碎的姜半茶匙

作法 > ❶把糖、磨碎的姜和水入锅加热至糖溶化；柳橙去皮，切小块；油桃切开去子。❷将油桃和柳橙放入榨汁机中榨汁，最后倒入糖浆拌匀即可。

原料 >

猕猴桃1个　　　柳橙50克　　　酸奶20毫升

作法 > ❶猕猴桃对半切开，用勺子挖出果肉；柳橙洗净，去皮，切小块。❷将猕猴桃、柳橙及酸奶一同放入榨汁机中榨汁即可。

⑪ 营养功效

◎油桃含有多种维生素，营养丰富，能止咳化痰、补气健肾、降血压。柳橙含有丰富的膳食纤维、维生素A、B族维生素、维生素C、磷、苹果酸等，可抑制癌细胞的生长。常饮用此款蔬果汁，能增强免疫力，防癌抗癌。

⑪ 营养功效

◎猕猴桃富含维生素C，其含的维生素C居水果之冠，猕猴桃能通过保护细胞间质屏障，消除食入的致癌物质，对延长癌症患者生存期起到一定作用。猕猴桃、柳橙、酸奶合并榨汁，不仅酸甜可口，还能防癌抗癌。

参须汁

原料 >

参须 200 克　鲜奶 150 毫升　蜂蜜 1 大匙半

作法 > ❶参须用水洗净。❷果汁机内放入参须、鲜奶和蜂蜜，搅打均匀。❸把参须汁倒入杯中，用参须装饰即可。

☺ 营养功效

◎因加工方法不同，参须也分红直须、白直须、红弯须、白弯须几种，但都具有益气、生津、止渴的功效，能治咳嗽咯血、胃虚呕逆等症。适量饮用此款果汁，能增强人体免疫力，起到抗癌防癌功效。

1

2

3

重要提示
最好选择香味清淡且新鲜的参须榨汁，营养价值也相对高一些。

重要提示
要挑选粗壮叶大、无烂叶萎叶、无病虫害农药的鲜嫩菠菜。

重要提示
使用牛蒡前，先用水焯一下再榨汁，味道会更佳。

菠菜青苹果优酪乳

原料 >

青苹果1个

菠菜100克　西红柿150克　低脂优酪乳100克　柠檬汁10毫升

作法 > ❶将菠菜、西红柿、青苹果用清水洗净，切成大小适当的块。❷将所有材料一起放入榨汁机中，榨成汁后倒入杯中饮用即可。

> ◎ **营养功效**
>
> ◎西红柿有抗癌的功效，经实验表明，口腔癌细胞培养液加进番茄素后，癌细胞很快失去活性，逐渐死亡。菠菜含有丰富的胡萝卜素，能增加预防传染病的能力。常饮用此款果汁，能增强人体免疫力，抗癌，抗衰老。

牛蒡胡萝卜芹菜汁

原料 >

牛蒡50克　胡萝卜10克　芹菜300克　蜂蜜少许

作法 > ❶将牛蒡洗净、去皮切块；胡萝卜洗净，去皮切丁；芹菜洗净，去叶切丁。❷将上述材料与冷开水一起放入榨汁机中榨汁。❸最后加入蜂蜜拌匀即可饮用。

> ◎ **营养功效**
>
> ◎牛蒡能促进体内细胞的增殖，强化和增强白细胞、血小板，使T细胞以3倍的速度增长，增强免疫力，具有抗癌的功效。芹菜有降压、明目、排毒的功效。常饮此款果汁，能增强免疫力，防癌抗癌。

防癌抗癌蔬果汁荟萃

爽口西红柿芹菜优酪乳

原料：西红柿1个，芹菜100克，优酪乳150克

香瓜苹果汁

原料：香瓜60克，苹果1个，柠檬1个，冰块适量

夏日之恋

原料：阳桃60克，葡萄60克，糖水30克，碎冰120克

木瓜香蕉奶

原料：木瓜300克，香蕉2根，牛奶1杯

甘蔗汁

原料：甘蔗500克

莴笋苹果汁

原料：莴笋80克，苹果150克，柠檬半个，冰糖少许

酸味菠萝汁

原料：菠萝60克，黄瓜2根，柠檬半个，开水100克

红薯叶苹果汁

原料：红薯叶50克，苹果1/4个，冷开水300毫升，蜂蜜适量

芦笋蜜柚汁

原料：芦笋100克，芹菜50克，葡萄柚半个，蜂蜜少许

包菜莴笋汁

原料：包菜、莴笋各100克，苹果50克，蜂蜜少许

豆芽柠檬汁

原料：豆芽100克，柠檬汁适量，冷开水300毫升，蜂蜜适量

紫甘蓝橘子汁

原料：橘子2个，紫甘蓝100克，酸奶半杯，蜂蜜2小勺

常见病调理
蔬果汁

在日常生活中，由于人的体质不同，或者其他原因引起的疾病，如：感冒、咳嗽、便秘、腹泻、贫血、"三高"疾病等，通常都可以通过饮食来调理。很多蔬菜和水果搭配成的营养健康的蔬果汁也可以调理疾病。本章就为大家介绍一些适合常见病调理的蔬果汁，以供大家选用，希望您在家也能自制蔬果汁来调养身体。

感冒

感冒常因风吹受凉引起，是一种自愈性疾病，与气候和人的免疫力有一定的关系。除了适应气候的转变外，还可通过调节饮食来增强人的免疫力。

平常多吃蔬果和高蛋白的食物，能增强人体免疫力，提高对感冒的防御能力。蔬果汁中含有维生素C、B族维生素、维生素E和胡萝卜素等，能够增强人体的免疫力。

对症水果有：金橘、柠檬、杏、桃子、樱桃等。

对症蔬菜有：洋葱、南瓜、白萝卜、莲藕、黄豆芽等。

以下将为大家介绍一些可以防治感冒的蔬果汁。每天一杯蔬果汁，感冒远离你我他。

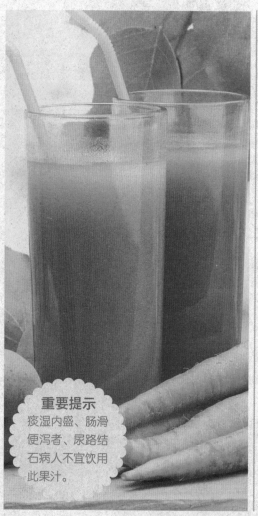

重要提示

痰湿内盛、肠滑便泻者、尿路结石病人不宜饮用此果汁。

洋葱胡萝卜李子汁

原料 >

洋葱 10 克　苹果 50 克　芹菜 100 克　胡萝卜 200 克　李子 30 克

作法 > ❶洋葱去皮洗净，切块；苹果洗净，去皮、核，切块；芹菜洗净，切段；胡萝卜去皮，切块；李子洗净，取肉。❷将上述材料加冷开水放入榨汁机中榨成汁拌匀即可。

小常识 > 洋葱以球体完整，没有裂开或损伤，表皮完整光滑，外层保护膜较多的为佳。高血压、高脂血症等心血管患者适宜食用洋葱，皮肤瘙痒、眼疾、眼部充血者忌食，肺、胃发炎者少食。

◎ 营养功效

◎洋葱具有发散风寒的作用，是因为洋葱鳞茎和叶子含有一种称为硫化丙烯的油脂性挥发物，具有辛辣味，这种物质能抗寒，抵御流感病毒，有较强的杀菌作用。长期饮用此款果汁，能防治感冒。

> **重要提示**
> 有胃溃疡症状的
> 患者，不建议饮
> 用此款果汁。

> **重要提示**
> 对桃子有过敏现
> 象的人，不宜饮用此
> 款果汁。

金橘橙子柠檬汁

原料 >

金橘 60 克　　柳橙 30 克　　柠檬汁 15 克　　糖水

作法 > ❶将金橘、柳橙用清水洗净，分别去皮、核，取肉。❷将所有材料放入榨汁机中，榨取汁液后饮用。

◎ 营养功效

◎柠檬富含维生素C、糖类、钙、磷、铁等营养成分，维生素C能维持人体各组织和细胞间质的生成，并保持它们正常的生理功能，有预防感冒的功效。金橘能增强机体抗寒能力。此款果汁可以防治感冒、增强人体免疫功能。

美味桃汁

原料 >

桃子 1 个　　胡萝卜 30 克　　柠檬汁 10 毫升　　牛奶 100 毫升

作法 > ❶桃子去皮，去核，切块；胡萝卜洗净，去皮，切丁。❷将桃子、胡萝卜与柠檬汁、牛奶一起放入榨汁机内搅打成汁，滤出果肉即可。

◎ 营养功效

◎桃子富含蛋白质、脂肪、糖、钙、磷、铁和B族维生素、维生素C等营养成分，有养阴生津、补气润肺、强身健体，防治感冒的功效。此款桃汁能有效预防感冒。

重要提示
樱桃的用量可以根据个人的喜好来决定。

樱桃草莓柚子汁

原料 >

草莓 50 克

柚子半个

樱桃 100 克　糖水 30 毫升

作法 > ❶将柚子去皮，切小块；草莓、樱桃均洗净，去蒂，切块。❷将所有材料放入榨汁机中，搅打1分钟，倒入杯中加少许糖水拌匀即可。

☺ 营养功效

◎樱桃富含维生素C，B族维生素、维生素E、钙、铜、铁、钾等，能预防感冒、增强体质、健脑益智。柚子含蛋白质、有机酸等，能助消化、理气散结。此款果汁，能预防感冒，增强抵抗力。

重要提示
对芒果有过敏反应者，不宜饮用此果汁。

重要提示
有些豆芽有化肥味，可能含有激素，不可食用。

莲藕菠萝柠檬汁

原料 >

莲藕 30 克　菠萝 50 克　芒果半个　柠檬汁少许

作法 > ❶将菠萝去皮，洗净切小块；莲藕洗净后去皮；芒果去皮去核，切块。❷将所有材料放入榨汁机一起搅打成汁，滤出果肉，再调入适量柠檬汁拌匀即可。

☺ 营养功效

◎菠萝含有葡萄糖、有机酸、钙、磷、铁等，有消炎、消除疲劳的功效。莲藕含有蛋白质、脂肪、膳食纤维等，有防治感冒，健脾止泻的功效。此蔬果汁有调理肠胃、防治感冒的功效。

豆芽西红柿草莓汁

原料 >

豆芽 10 克　草莓 50 克　柠檬汁适量　西红柿 300 克

作法 > ❶将豆芽洗净备用；草莓洗净，对半切块；西红柿洗净，切小块。❷将以上原料一起放入榨汁机中，加入冷开水榨汁，倒出蔬果汁后再加入柠檬汁拌匀即可。

☺ 营养功效

◎草莓含有果糖、蔗糖、柠檬酸、苹果酸、水杨酸、氨基酸等，对胃肠道和贫血均有一定的滋补调理作用。豆芽含有蛋白质、碳水化合物、胡萝卜素等，能防治感冒、利尿解毒。此款果汁能防治感冒、清热解毒。

雪梨菠萝汁

原料 >

雪梨 1/2 个

菠萝汁 100 克

作法 > ❶雪梨洗净，去皮，切成大小均匀的块。❷菠萝去皮，切成小块。❸将雪梨和菠萝块放入榨汁机中，榨汁，倒入杯中饮用即可。

🏠 营养功效

◎雪梨富含多种维生素、矿物质和微量元素，适宜发热和有内热的病人食用，尤其对肺热咳嗽、小儿风热、咽干喉痛、大便燥结病症较为适宜。此款果汁具有预防感冒、增强免疫力的功效。

重要提示

榨汁后，加入少许白糖摇匀后即可食用。

防治感冒蔬果汁荟萃

金橘番石榴鲜果汁

原料：金橘 8 个，番石榴半个，苹果 50 克，蜂蜜少许

莲藕柠檬汁

原料：莲藕 150 克，苹果 1 个，柠檬半个

苹果葡萄干鲜奶汁

原料：苹果 1 个，葡萄干 30 克，鲜奶 200 毫升

胡萝卜草莓汁

原料：胡萝卜 100 克，草莓 80 克，冰块、冰糖少许

莴笋蔬果汁

原料：莴笋 80 克，西芹 70 克，苹果 150 克，猕猴桃半个

樱桃牛奶

原料：樱桃 10 颗，低脂牛奶 200 毫升，蜂蜜少许

黄瓜苹果汁

原料：黄瓜 2 根，苹果半个，冷开水 240 毫升

柠檬芥菜橘子汁

原料：柠檬 1 个，芥菜 100 克，橘子 1 个，冰块少许

山药橘子苹果汁

原料：山药、橘子、苹果、杏仁各适量，牛奶 200 毫升

猕猴桃油菜汁

原料：猕猴桃 2 个，油菜 100 克，蜂蜜 1 小勺，冰水 200 毫升

西芹哈密瓜汁

原料：西芹 50 克，哈密瓜 100 克，草莓 5 个

西红柿沙田柚汁

原料：西红柿 1 个，沙田柚半个，凉开水 200 毫升，蜂蜜适量

咳嗽

　　咳嗽是呼吸系统中最常见的症状之一，当呼吸道黏膜受到异物、炎症、分泌物或过敏性因素等刺激时，就会反射性地引起咳嗽。咳嗽又分风寒咳嗽、风热咳嗽、气虚咳嗽、阴虚咳嗽等类型。

　　咳嗽是很常见的疾病，在日常生活中经常可以碰到，有些人会通过选择合适的食物来摄入，以此减缓咳嗽症状，由此可见，食疗对于治疗咳嗽是有一定功效的。我们知道，在日常食用的蔬菜、水果中，有些确实具有治疗咳嗽的功效，而将这些合适的蔬菜、水果榨取成汁来饮用，也不失为一种好方法。

　　对症水果有：橘子、雪梨、西瓜、樱桃、柚子等。

　　对症蔬菜有：莲藕、竹笋、白菜、白萝卜、百合等。

重要提示
患有冠心病、肾病的人，不宜饮用此款果汁。

苹果柳橙柠檬汁

原料 >

苹果1个　　柳橙100克　　柠檬汁20克

作法 > ❶洋将苹果洗净，去核，切成块；柳橙洗净，去皮，切块。❷把苹果和柳橙放入榨汁机中榨汁，再调入柠檬汁搅拌均匀即可。

小常识 > 苹果具有催熟作用，因此，和其他蔬菜水果放在一起时要用塑料袋包好，以免致使变质。

◎ 营养功效

◎柠檬含有维生素C等，有生津健脾、化痰止咳的功效。苹果富含碳水化合物、果胶、维生素A等，有润肺、增强免疫力的功效。此款果汁，有化痰止咳、防治感冒的作用。

重要提示
选购柠檬时，要选
果皮有光泽、新鲜
而完整的果实。

重要提示
有脾胃虚寒、腹胀
便溏症状者，不宜
饮用此款果汁。

橘子柠檬柳橙汁

原料 >

柠檬汁 20 克　柳橙 1 个　橘子 2 个　优酪乳 250 毫升

作法 > ❶ 将橘子、柳橙分别去皮，对半掰开。❷ 橘子、柳橙榨成汁后，加入柠檬汁、优酪乳，拌匀即可。

ⓒ 营养功效

◎橘子富含维生素C、糖类、钙、磷、铁、柠檬酸、膳食纤维等营养成分，有降血压、消除疲劳的功效。柠檬含有维生素C、蛋白质等营养成分，有化痰的功效。经常饮用此款果汁，有润肺止咳的功效。

梨子香瓜柠檬汁

原料 >

梨子 1 个　　香瓜 200 克　　柠檬适量

作法 > ❶ 梨子洗净，去皮及果核，切块；香瓜洗净，去皮，切块；柠檬洗净，切片。❷ 将梨子、香瓜、柠檬依次放入榨汁机，搅打成汁即可。

ⓒ 营养功效

◎梨含有蛋白质、脂肪、糖、粗纤维、钙、磷、铁、维生素等，有促进食欲、润燥消风、解热的作用。香瓜含有矿物质、糖分、维生素C等，有镇咳祛痰、解烦渴、利小便、消暑热的功效。此款果汁，有润肺止咳的功效。

猕猴桃苹果汁

原料 >

猕猴桃2个　　苹果1/2个　　柠檬1/3个

作法 > ❶猕猴桃、苹果、柠檬洗净，去皮，切块。❷把猕猴桃、苹果、柠檬和水一起放入榨汁机中榨成汁。❸把果汁倒入杯中，冷藏即可。

◎ 营养功效

◎猕猴桃中维生素C的含量是水果中最高的，其含有丰富的蛋白质、碳水化合物、多种氨基酸和矿物质元素，都为人体所必需，对食欲不振、消化不良等症有良好的改善作用。此款果汁可以帮助缓解咳嗽症状。

1

2

3

重要提示
吃苹果时，最好先用水洗干净，削去果皮后食用。

重要提示
有胃溃疡症状的患者，不宜饮用此款果汁。

重要提示
大便溏泄者不宜饮用此款果汁。

白菜柠檬葡萄汁

原料 >

白菜 50 克　柠檬汁 30 毫升　柠檬皮少许　葡萄 50 克

作法 > ❶将白菜叶洗净；葡萄洗净，去皮去核。❷将白菜叶与葡萄同柠檬汁、柠檬皮以及冷开水一起放入榨汁机内搅打成汁即可。

☺ 营养功效

◎白菜含有丰富的维生素C、维生素E、粗纤维等营养成分，有润肺止咳、润肠通便的功效。柠檬富含维生素C、糖类、钙、磷、铁等营养成分，有润肺止咳、预防感冒、抗维生素C缺乏病的功效。此款果汁可有效防治咳嗽。

莲藕柳橙苹果汁

原料 >

莲藕 1/3 个　柳橙 1 个　苹果半个　蜂蜜 3 克

作法 > ❶苹果洗净，去皮，去核，切块；柳橙洗净，去皮切块；将莲藕洗净，去皮切小块。❷将以上材料与冷开水放入榨汁机中榨成汁，最后加入少许蜂蜜即可。

☺ 营养功效

◎苹果含有多种维生素、果胶、膳食纤维、钾、钙、磷等营养成分，有调节肠胃、降低胆固醇等功效。莲藕富含维生素C、膳食纤维等营养成分，有健脾益胃、润肺止咳的功效。常饮用此款果汁，能润肺止咳、调节肠胃。

重要提示
有溃疡症状者、糖尿病患者最好不要饮用此果汁。

重要提示
有脾胃虚弱症状者，不宜饮用此款果汁。

樱桃西红柿汁

原料 >

西红柿半个　　　樱桃 300 克　　　柠檬汁 20 克

作法 > ❶将西红柿洗净，切小块；樱桃洗净。❷将西红柿和樱桃放入榨汁机榨汁，以滤网去残渣。❸将过滤好的果汁加入适量柠檬汁混合拌匀即可。

◎ 营养功效

◎樱桃含有维生素C、维生素E、钙、铜、铁、钾、锰等营养成分，有调中益气、健脾和胃的功效。西红柿富含维生素C、蛋白质、脂肪、糖类等营养成分，有清热解毒、生津止渴的功效。

白萝卜芥菜柠檬汁

原料 >

柠檬1个　西芹 50 克　白萝卜 70 克　芥菜 80 克

作法 > ❶将柠檬洗净，连皮切块；萝卜去皮，切成小块；芥菜、西芹分别洗净备用。❷将柠檬、萝卜、西芹、芥菜放入榨汁机中，榨成汁即可。

◎ 营养功效

◎白萝卜富含碳水化合物、矿物质、有机酸、多种维生素等营养成分，有清热生津、清血凉血的功效，可治疗热咳带血等病。柠檬可生津健脾、化痰止咳。二者搭配，不仅可以清热解毒，也有润肺止咳的作用。

防治咳嗽蔬果汁荟萃

橘子柠檬汁

原料：橘子 100 克，柠檬半个，蜂蜜少许

梨子香瓜汁

原料：梨子 1 个，香瓜 200 克

西瓜柠檬蜂蜜汁

原料：西瓜 200 克，柠檬 1 个，蜂蜜适量

草莓猕猴桃汁

原料：草莓 80 克，猕猴桃 1 个，白萝卜 30 克，冰水 200 毫升

西瓜西芹汁
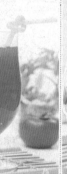
原料：西瓜 100 克，西芹 50 克，胡萝卜 100 克，蜂蜜少许

胡萝卜西瓜汁

原料：胡萝卜 200 克，西瓜 150 克，蜂蜜、柠檬汁各适量

西瓜葡萄柚汁

原料：西瓜 150 克，芹菜适量，葡萄柚 1 个

芹菜阳桃蔬果汁

原料：芹菜 30 克，阳桃 50 克，葡萄 100 克，水 500 毫升

香瓜蔬菜汁

原料：香瓜 200 克，包菜 100 克，西芹 100 克，蜂蜜 30 克

西红柿西瓜西芹汁

原料：西红柿 1 个，西芹 15 克，西瓜 1 个，苹果醋 1 大勺

梨子蜂蜜饮

原料：梨子 1 个，老姜 5 克，蜂蜜少许，冷开水适量

香蕉苦瓜油菜汁

原料：香蕉半根，苦瓜 20 克，油菜 1 棵，水 300 毫升

便秘

便秘主要是指排便次数减少、粪便量减少、粪便干结、排便费力等。上述症状同时存在两种以上时，可诊断为症状性便秘。便秘并不是一种疾病，却一直困扰着大多数患者。它多与饮食和压力有关。如果饮食中缺少水分和膳食纤维或进食量过少，会引起便秘；精神压力过大也会造成便秘，老年人由于身体弱，活动量少，也容易便秘。

常吃含膳食纤维的蔬果、粗粮，以及含维生素和水分的食物，能解决便秘的问题。蔬果汁中富含多种维生素和水分，常饮对症蔬果汁能轻松防治便秘。

对症水果有：桃子、香蕉、桑葚、柑橘、菠萝、草莓等。

对症蔬菜有：菠菜、竹笋、空心菜、芹菜、胡萝卜、洋葱等。

重要提示

蜂蜜千万不要在水很热的时候放，否则会破坏它的营养成分。

柑橘柳橙蜂蜜汁

原料 >

柑橘60克　柳橙1个　柠檬1个　蜂蜜少许

作法 > ❶将柑橘、柳橙、柠檬去皮、子，取肉，撕成瓣。❷将柑橘、柳橙、柠檬、冷开水、蜂蜜依次倒入榨汁机中，榨取汁液后倒入杯中饮用即可。

小常识 > 选购柑橘时，以果形中等，呈圆形或长圆形；皮稍厚而光滑润泽，皮与果肉结合较紧，难剥离；果心不实，核与种均呈白色；果肉汁多，瓣瓣界限不分明，味酸甜可口，耐储藏者为佳。

◎ 营养功效

◎柑橘富含维生素A等营养成分，可以调和肠胃、刺激肠胃蠕动，有润肠通便的功效。柠檬富含维生素C、钙、磷、铁等营养成分，可增强人体免疫力。常饮用此款果汁，不仅能美容养颜，还能润肠通便。

重要提示
此款果汁的沉淀物较多，最好过滤一遍再倒入杯中饮用。

重要提示
如果觉得口味稍淡，可选择加入适量的食盐进行调味。

菠萝柠檬蜂蜜汁

原料 >

菠萝100克　柠檬半个　蜂蜜适量

作法 > ❶将菠萝去皮，洗净，切块；柠檬洗净，去皮。❷将菠萝、柠檬一起放入榨汁机中，加入适量冷开水榨成汁，最后倒入杯中加蜂蜜拌匀即可饮用。

☺ 营养功效

◎菠萝含有丰富的果糖、葡萄糖、氨基酸、有机酸、粗纤维、钙、磷、铁，胡萝卜素及多种维生素等营养物质，有润肠通便的功效。蜂蜜营养丰富，有排毒养颜的功效。常饮用此果汁，可改善便秘。

桃子苹果汁

原料 >

桃子1个　苹果1个　柠檬半个

作法 > ❶将桃子洗净，对切为二，去核；苹果洗净，去掉果核，切块；柠檬洗净，切片。❷将苹果、桃子、柠檬放进榨汁机中，榨出汁即可。

☺ 营养功效

◎桃子含有多种对人体健康有益的成分，可以供给身体极为合理的能量，能润肠通便、活血化瘀、祛痰镇咳，还含有人体所必需的多种矿物质及多种纤维，有润肠作用，可防治便秘。此款果汁具有缓解便秘的功效。

重要提示
选购橘子时应选用
果皮颜色金黄、平
整、柔软的果实。

重要提示
此款茶饮温和，具
有多重功效，尤其
适合老年人饮用。

菠菜橘子苹果汁

原料 >

 菠菜 200 克

橘子1个　　苹果 20 克　　柠檬半个　　蜂蜜 2 大匙

作法 > ❶菠菜洗净，择去黄叶，切成小
段；橘子剥皮，剥成瓣；苹果带皮去核，
切成小块；柠檬去皮，切片。❷然后将所
有原材料倒入榨汁机内搅打2分钟即可。

◎ 营养功效

◎菠菜含有丰富的植物纤维，能促进肠道蠕
动，有利于排便，还能促进胰腺分泌，帮助
消化，对便秘有一定的疗效。橘子含有丰富
的蛋白质、维生素等营养成分，有润肺清肠
的功效。常饮此果汁，能改善便秘症状。

覆盆子黑莓牛奶汁

原料 >

覆盆子　　　　　　黑莓

作法 > ❶将覆盆子、黑莓分别用清水洗
净，再一起放入榨汁机中榨汁。❷将果汁倒
入杯中即可饮用。

◎ 营养功效

◎覆盆子含有有机酸、糖类、维生素C、覆盆
子酸，能补益肝肾。黑莓富含维生素C、维
生素B₁、维生素B₂、维生素K、氨基酸，有通
便、延缓衰老、提高免疫力、降血压、降血脂
的功效。此款果汁可健脾益胃、防治便秘。

重要提示
香蕉和牛奶的比例要控制好，通常是1根香蕉配200毫升牛奶。

重要提示
建议选购盒装、品质有保证的鲜牛奶。

香蕉燕麦牛奶

原料 >

香蕉1根　　　　燕麦80克　　　牛奶200毫升

作法 > ❶将香蕉去皮，取肉，切成小段；燕麦洗净。❷将所有材料一起放入榨汁机内，搅打成汁后倒入杯中饮用即可。

⚱ **营养功效**

◎燕麦含维生素B₁、维生素B₂、膳食纤维、钙、磷、铁、铜、锌、锰等，其丰富的可溶性纤维，可促使胆酸排出体外、降低胆固醇、减少高脂肪食物的摄取，是瘦身节食者的极佳选择。此款果汁可以帮助缓解便秘。

西芹菠萝牛奶

原料 >

西芹100克　鲜奶200毫升　菠萝200克　蜂蜜1大匙

作法 > ❶将西芹洗净，摘下叶片备用。❷将菠萝去皮，去心，洗净后切成小块。❸将所有材料放入榨汁机内，搅打2分钟即可。

⚱ **营养功效**

◎芹菜含有大量的粗纤维，可刺激胃肠蠕动，促进排便。菠萝中含有一种叫"菠萝朊酶"的物质，它能分解蛋白质。在食用肉类或油腻食物后，吃些菠萝对身体大有好处。此款果汁具有帮助消化，改善便秘的功效。

防治便秘蔬果汁荟萃

桑葚猕猴桃奶

原料：桑葚80克，猕猴桃1个，牛奶150毫升

黄瓜芹菜蔬菜汁

原料：黄瓜1根，芹菜半根

西红柿柠檬牛奶

原料：西红柿1个，柠檬半个，牛奶200毫升，蜂蜜少许

菠萝西红柿汁
原料：菠萝50克，西红柿1个，柠檬半个，蜂蜜少许

莲藕木瓜汁

原料：莲藕30克，木瓜80克，杏30克，柠檬汁1小勺

苹果胡萝卜柠檬饮

原料：苹果1个，胡萝卜50克，柠檬1/3个，凉开水200毫升

西红柿芒果汁

原料：西红柿1个，芒果1个，蜂蜜少许

香蕉蔬菜汁

原料：香蕉半根，油菜1棵，水300克

苹果菠菜柠檬汁

原料：苹果1个，菠菜150克，柠檬1个，冰块少许

胡萝卜木瓜汁

原料：胡萝卜50克，木瓜1/4个，苹果1/4个，冰水300毫升

西瓜西红柿汁

原料：西瓜150克，西红柿1个，柠檬半个，冰块适量

芹菜西红柿饮

原料：西红柿2个，芹菜100克，柠檬1个

腹泻

　　腹泻是一种常见症状，是指排便次数明显超过平日习惯的频率，粪质稀薄，水分增加，每日排便量超过200g，或含未消化食物或脓血、黏液。

　　腹泻多是食用了不卫生、生冷或者难消化的食物，饮食没有规律等原因引起的。腹泻患者多吃富含蛋白质、维生素和热量的半流质食物不仅能缓解腹泻，还能补充体内缺失的营养物质和能量。在腹泻的时候，喝一杯富含多种维生素的果汁，能补充人体流失的营养和能量。

　　对症水果有：苹果、荔枝、石榴、草莓、橙子等。

　　对症蔬菜有：菠菜、山药、冬瓜、南瓜、黄瓜等。

重要提示

荔枝的外壳龟裂片平坦、缝合线明显，那么味道一定会很甘甜。

▍美味荔枝柠檬汁

原料 >

荔枝 400 克

柠檬 1/4 个

作法 > ❶将荔枝用清水洗净，去皮、核，取肉备用。❷将柠檬去皮、子，切块。❸将荔枝、柠檬放入榨汁机中，榨成汁后倒入杯中饮用即可。

小常识> 选购荔枝时，以色泽鲜艳，个大均匀，皮薄肉厚，质嫩多汁，味甜，富有香气者为佳。挑选时可以先在手里轻捏，一般而言，新鲜的荔枝的手感应该紧实而且有弹性，稍微有些软但又不失弹性的，是相对而言比较成熟一些的。

◎ 营养功效

◎荔枝甘温健脾，并能降逆，是顽固性呃逆及五更泻患者的食疗佳品。柠檬中含有糖类、钙、磷、铁及维生素B_1、维生素B_2、维生素C等多种营养成分，有降胆固醇、美白的功效。常饮此款果汁，对腹泻有很好的疗效。

重要提示
挑选香蕉时，以其外皮的颜色呈金黄色的为佳。

重要提示
有胃溃疡现象的患者，不宜饮用此款果汁。

香蕉柳橙汁

原料 >

香蕉1根

柳橙1个

作法 > ❶将柳橙洗净，去皮，切块，榨汁；将香蕉去皮，切段。❷把柳橙、香蕉、冷开水放入榨汁机，搅打均匀即可。

☺ 营养功效

◎柳橙含有丰富的膳食纤维、维生素A、B族维生素、维生素C、磷等，有助于增强人体免疫力。香蕉中含有丰富的钾离子，钾离子能抑制钠离子收缩血管和损坏心血管。常饮此款果汁，能增强机体的抗病能力，预防腹泻。

柳橙柠檬蜂蜜汁

原料 >

柳橙2个

柠檬1个

蜂蜜适量

作法 > ❶将柳橙洗净，切半，用榨汁机榨出汁，倒出。❷将柠檬洗净后切片，放入榨汁机中榨成汁。❸将柳橙汁与柠檬汁及蜂蜜混合，拌匀即可。

☺ 营养功效

◎柳橙含有丰富的维生素C、钙、磷、钾、β-胡萝卜素、柠檬酸等，有助于保持肌肤光泽。柠檬富含维生素C，能有效抵抗氧化。蜂蜜含有糖类、蛋白质、酶类等，有助于美容养颜。常饮用此款果汁，能美白肌肤，延缓衰老。

重要提示
用刀子环形在石榴顶上切一圈，这样能很快剥开石榴的皮。

重要提示
本身是体质虚寒的人群，不宜饮用此款果汁。

石榴苹果柠檬汁

原料 >

石榴1个　　苹果1个　　柠檬汁20克

作法 > ❶剥开石榴的皮，取出果实；将苹果洗净，去核，切块。❷将苹果、石榴、柠檬汁一起放进榨汁机，榨汁即可。

◎ 营养功效

◎苹果含有大量的果胶、纤维素，其有吸收细菌和毒素的作用，有收敛止泻的功效。石榴含有生物碱、熊果酸等营养成分，有明显的收敛作用，能够涩肠止血，加之其具有良好的抑菌作用，对腹泻有很好的疗效。

猕猴桃柠檬梨汁

原料 >

猕猴桃1个　　梨子1个　　柠檬1个

作法 > ❶将猕猴桃洗净，去皮，切块；梨子去皮和果核，切块；柠檬洗净，切片。❷将梨子、猕猴桃、柠檬榨出果汁。

◎ 营养功效

◎猕猴桃含有维生素C、糖、蛋白质、磷、钙、镁、抗氧化剂等，可以消除皱纹和细纹。梨子含有蛋白质、脂肪、粗纤维、多种维生素等，有养阴清热、延缓衰老的功效。猕猴桃与梨子合榨为汁，有防止腹泻的功效。

防治腹泻蔬果汁荟萃

黄瓜水梨汁

原料：黄瓜2根，水梨1个，冷开水少许，蜂蜜、柠檬汁各适量

苹果冬瓜柠檬汁

原料：苹果1个，柠檬半个，冬瓜70克，冰块少许

胡萝卜桃子汁

原料：桃子半个，胡萝卜50克，红薯50克，牛奶200毫升

柠檬芹菜香瓜汁

原料：柠檬1个，芹菜30克，香瓜80克，冰块、砂糖各少许

胡萝卜梨子汁

原料：胡萝卜100克，梨子1个，柠檬适量

梨柚汁

原料：梨1个，柚子半个，蜂蜜1大匙

西芹西红柿柠檬汁

原料：西芹1根，西红柿1个，柠檬汁50毫升，绿花椰5克

石榴苹果汁

原料：石榴、苹果、柠檬各1个

柳橙香蕉汁

原料：柳橙1个，香蕉1根，冷开水100毫升

菠菜橘汁

原料：菠菜200克，橘子1个，柠檬半个，蜂蜜2大匙

酸甜菠萝鲜果汁

原料：菠萝100克，柠檬半个，蜂蜜适量，冷开水400毫升

柑橘蜜

原料：柑橘60克，蜂蜜少许，柠檬1个，冷开水120毫升

贫血

贫血是指人体外周血红细胞容量减少，低于正常范围下限的一种常见的临床症状，常常有头昏、耳鸣、头痛、失眠、多梦、记忆力减退、注意力不集中等症状，这是贫血缺氧导致神经组织损害所致，多见于女性。女性来月经时流失很多血，身体容易出现缺铁性贫血的症状。

贫血主要是与人体缺铁有关，有些蔬果汁中含有丰富的维生素C和果酸，如樱桃等，能促进铁的吸收，叶酸能制造红细胞所需的营养素，增强人体的造血功能。每天喝一杯适宜的蔬果汁，能改善贫血症状。

对症水果有：菠萝、西瓜、葡萄、猕猴桃、甘蔗等。

对症蔬菜有：白菜、芹菜、苦瓜、花菜、西红柿等。

重要提示
有脾胃虚寒、胃寒腹痛症状者，不适宜饮用此款果汁。

美味甘蔗西红柿汁

原料 >

甘蔗 200 克　　西红柿 1 个

作法 > ❶将甘蔗去皮，放入榨汁机中榨取汁液；西红柿洗净，切块，放入榨汁机榨取汁液。❷将两种汁混合搅匀即可。

小常识> 选购甘蔗时，以甘蔗茎秆粗硬光滑，端正而挺直，富有光泽，表面呈紫色，挂有白霜，表面无虫蛀孔洞；甘蔗剥开后可见果肉洁白，质地紧密，纤维细小，富含蔗汁；汁多而甜，口感水大渣少，有清爽气息者为佳。

◎ **营养功效**

◎甘蔗含有大量的铁、锌、钙等人体必需的微量元素，其中铁的含量特别高。西红柿富含维生素C，能促进体内元素的吸收。甘蔗、西红柿合榨为汁，能促进人体对铁的吸收，改善贫血症状。

重要提示

此款果汁最佳饮用时间为饭后半小时后，切忌空腹饮用。

苹果菠萝酸奶汁

原料 >

菠萝 100 克　苹果 1 个　原味酸奶 60 毫升　蜂蜜 30 克

作法 > ❶苹果洗净，去皮，去子，切成小块备用；菠萝去皮，切块。❷碎冰、苹果及其他材料放入搅拌机内，以高速搅打 30 秒即可。

◎ 营养功效

◎苹果中含有多种维生素、碳水化合物、果胶、抗氧化物等，有保持肌肤光泽的功效。酸奶中含有丰富的蛋白质、脂肪、矿物质等营养成分，有助于抗氧化、调节人体免疫力。苹果与酸奶合榨为汁，可防治贫血。

重要提示

胃溃疡患者不宜饮用此款果汁。

西红柿海带柠檬汁

原料 >

西红柿 200 克　海带 50 克　　柠檬 1 个　果糖 20 克

作法 > ❶海带洗净泡软，切片；西红柿洗净，切块；柠檬洗净，切片。❷将上述材料放入果汁机中搅打 2 分钟，滤其果菜渣。加入果糖拌匀，将汁倒入杯中即可。

◎ 营养功效

◎西红柿富含维生素C等，维生素C能促进体内铁元素的吸收，对缺铁性贫血有一定的功效。海带含有丰富的碳水化合物、钙等营养物质，有降血压、利尿的功效。二者搭配榨汁，可治疗缺铁性贫血。

重要提示
胃溃疡患者不宜饮用此款果汁。

重要提示
痰湿内盛、肠滑便溏、尿路结石患者不宜多食草莓。

火龙果柠檬芹菜汁

原料 >

火龙果 200 克　柠檬 1/2 个　优酪乳 200 毫升　芹菜少许

作法 > ❶将火龙果去皮，切成小块备用。❷柠檬洗净，去皮切块；芹菜洗净，切小段。❸将所有材料倒入搅拌机打成果汁即可。

◎ 营养功效

◎火龙果含有一般水果少有的植物性白蛋白及花青素，丰富的维生素和水溶性膳食纤维，能美白皮肤、补血养颜。柠檬含有丰富的维生素C、糖类等，可以抗衰老。火龙果与柠檬合榨汁，有补血养颜的功效，可改善贫血。

草莓蜂蜜汁

原料 >

草莓 5 颗　　蜂蜜适量　　薄荷叶适量

作法 > ❶将草莓用清水洗净后，去蒂，放入榨汁机中榨汁。❷将果汁倒入杯中加蜂蜜搅拌均匀。❸最后点缀上薄荷叶即可饮用。

◎ 营养功效

◎草莓富含氨基酸、葡萄糖、柠檬酸、胡萝卜素、维生素B_1、维生素B_2、钙、镁，能生津止渴、利尿止泻、利咽止咳。蜂蜜含有铁、钙、铜、有机酸、果糖、葡萄糖，能美白养颜、润肠通便。此款果汁可补脾益气、改善贫血症状。

防治贫血蔬果汁荟萃

白梨西瓜苹果汁

原料： 白梨1个，西瓜150克，苹果1个，柠檬1/3个

香蕉火龙果汁

原料： 火龙果半个，香蕉1根，优酪乳200毫升

葡萄苹果汁

原料： 红葡萄150克，红色去皮的苹果1个，碎冰适量

芹菜柠檬汁

原料： 芹菜80克，生菜40克，柠檬1个，蜂蜜少许

猕猴桃梨香蕉汁

原料： 猕猴桃2个，梨半个，香蕉半个，牛奶100毫升

苹果草莓胡萝卜汁

原料： 苹果1个，草莓2颗，胡萝卜50克，柠檬半个

西瓜柠檬汁

原料： 西瓜200克，柠檬1个，蜂蜜适量

草莓香瓜汁

原料： 草莓5颗，香瓜半个，冷开水300毫升，果糖3克

猕猴桃柳橙汁

原料： 猕猴桃2个，柳橙半个，糖水30毫升，蜂蜜15克

西红柿双芹汁

原料： 西红柿2个，芹菜20克，水芹20克

胡萝卜红薯西芹汁

原料： 胡萝卜70克，红薯50克，西芹25克，蜂蜜1小勺

芦笋西红柿汁

原料： 芦笋300克，西红柿半个，鲜奶200毫升，冷开水适量

高血压

　　高血压是最常见的慢性病，也是心脑血管病最主要的危险因素。高血压可能出现的症状有：头痛、眩晕、耳鸣、心悸、气短、失眠、肢体麻木、眼睛突然发黑等。肥胖、遗传等都可能引起高血压。

　　高血压患者平时可通过调节饮食改善血压状态，保持血压的平稳。果蔬汁中富含维生素、精氨酸等，不仅能阻止血栓的形成，还会减少高血压的发病率。高血压患者每天饮用一杯蔬果汁，能缓解高血压症状，控制血压。

　　对症水果有：山楂、梨子、香蕉、火龙果、苹果等。

　　对症蔬菜有：芹菜、白菜、番茄、洋葱、胡萝卜等。

重要提示

有脾胃虚寒、胃寒腹痛症状者，不适宜饮用此款果汁。

香蕉橘子优酪乳

原料 >

香蕉2根　优酪乳200毫升　柠檬半个　橘子1个

作法 > ❶将香蕉去皮，切小段，放入榨汁机中搅碎，盛入杯中备用。❷柠檬、橘子洗净，去皮、子，切块，榨成汁，加入优酪乳、香蕉汁，搅匀即可。

小常识 > 选购香蕉时，应该挑选果皮黄黑泛红，稍带黑斑，最好其皮上有黑芝麻的，即人们常说的广东芝麻香蕉。表皮有皱纹的香蕉风味最佳。手捏香蕉有软熟感的其味必甜，果肉淡黄，纤维少，口感细嫩，带有一股桂花香。

◎ 营养功效

◎香蕉含有较多的能降低血压的钾离子。柠檬含有维生素C、钙、镁、铁等营养成分，有抗维生素C缺乏病的功效。常饮用此款蔬果汁，有降血压、预防疾病的功效。

重要提示

肾虚有火、小便
短涩症状者，不
宜食用覆盆子。

重要提示

草莓应选果形完
整无畸形、外表
鲜红发亮、果实
无碰伤的。

覆盆子菠萝桃汁

原料 >

覆盆子10颗　　油桃1个　　菠萝适量

作法 > ❶将油桃去核，切成小块，放入榨
汁机中。❷将菠萝去皮切块，放入榨汁机
中。❸放入覆盆子，榨取汁液，倒入杯中
饮用。

◎ 营养功效

◎覆盆子含有机酸、糖类、维生素 C，有补肝
益肾、明目的功效。菠萝含有大量的果糖、葡
萄糖、B族维生素、维生素C、磷、柠檬酸、
蛋白酶，有解暑止渴、消食止泻的功效，常饮
此款果汁，可降血压、增强免疫力。

美味胡萝卜草莓汁

原料 >

胡萝卜100克　草莓80克　冰糖少许　柠檬1个

作法 > ❶将胡萝卜洗净，切块；草莓洗净，
去蒂；柠檬洗净，去皮，切小块。❷将胡萝
卜、草莓和柠檬放入榨汁机中榨成汁，倒入
杯中再加入冰糖即可。

◎ 营养功效

◎胡萝卜素转变成维生素A，有助于增强机体的
免疫力，在预防上皮细胞癌变的过程中具有重要
作用。草莓富含糖类、蛋白质、有机酸、果胶
等，能防治动脉硬化、冠心病。长期饮用此款果
汁，能降血压、增强机体免疫力。

重要提示
榨好汁之后，可加少许白砂糖摇匀，口味更好。

重要提示
在制作此款果汁时，可以适量加入白开水一起榨取汁液。

苹果绿茶优酪乳

原料 >

苹果1个　　优酪乳200毫升　　绿茶水适量

作法 > ❶将苹果洗净，去皮、核，切小块，放入榨汁机内，搅打成汁。❷将绿茶水、优酪乳倒入榨汁机中，拌匀即可。

⊙ 营养功效

◎苹果有安眠养神、消食化积之功效，对消化不食、气壅不通症，有顺气消食作用。食用苹果能够降低血胆固醇、降血压、保持血糖稳定、降低过旺的食欲，有利于减肥。此款果汁能帮助降低血压。

梨苹果香蕉汁

原料 >

白梨1个　　苹果1个　　香蕉1根　　蜂蜜适量

作法 > ❶白梨、苹果洗净，去皮、核，切块；香蕉剥皮，切块。❷将白梨、苹果、香蕉放进榨汁机中榨汁。❸将果汁倒入杯中，加入蜂蜜搅拌即可。

⊙ 营养功效

◎香蕉含有丰富的维生素和矿物质，从香蕉中可以很容易地摄取各式各样的营养素，其含有的钾元素能防止血压上升及肌肉痉挛；而镁则具有消除疲劳的效果。此款果汁具有预防高血压的功效。

柳橙苹果梨汁

原料 >

柳橙 2 个　　苹果 1/2 个　　雪梨 1/4 个

作法 > ❶柳橙去皮，切小块。❷苹果洗净、去核，雪梨洗净、去皮，均切成小块。❸把柳橙、苹果、雪梨和水放入果汁机内，搅打均匀即可。

🍵 营养功效

◎柳橙含有丰富的蛋白质、胡萝卜素、维生素C、钙、钾，能美白皮肤、抗氧化、降低胆固醇；苹果含丰富的糖类、蛋白质、脂肪、磷、铁、钾等，能润肺除烦、健脾益胃、养心益气。此款果汁，可稳定血压、生津止渴。

1

2

3

重要提示
橙肉上那层白色的纤维素营养成分较高，最好不要扔掉。

重要提示
火龙果应该放在阴凉、通风的地方保存，以防变质。

重要提示
洗白菜时，宜用流动的水冲洗，可避免残留农药渗入。

火龙果苦瓜汁

原料 >

火龙果肉 150 克

苦瓜 60 克

蜂蜜 1 汤匙

作法 > ❶将火龙果肉切成小块；将苦瓜洗净，切成长条。❷将火龙果、苦瓜倒入榨汁机内，搅打1分钟，加入蜂蜜、矿泉水即可。

◎ 营养功效

◎火龙果具有预防便秘、增加骨质密度、降血糖、降血脂、降血压的功效。苦瓜性寒味苦，含有类似胰岛素的物质，有明显的降血糖作用。此款果汁具有降低血压的功效，适合"三高"患者饮用。

大白菜汁

原料 >

大白菜 50 克

梨子 50 克

姜 1 片

白糖适量

作法 > ❶将大白菜洗净，切碎；梨去皮去核，切块；姜洗净。❷将所有材料倒入果汁机中，搅打成汁，再加入适量砂糖、冰块即可。

◎ 营养功效

◎白菜是营养极为丰富的蔬菜，所含的粗纤维能促进肠壁蠕动，稀释肠道毒素，常食可增强人体抗病能力和降低胆固醇，还有降低血压、降低胆固醇、预防心血管疾病的功效。此款果汁具有降低血压的功效。

降低血压蔬果汁荟萃

西红柿鲜蔬汁

原料：西红柿150克，西芹2棵，青椒1个，柠檬1/3个

胡萝卜西蓝花汁

原料：西蓝花100克，胡萝卜80克，柠檬汁100毫升，蜂蜜少许

苹果柠檬汁

原料：苹果60克，柠檬半个，凉开水60毫升，碎冰60克

芹菜西红柿汁

原料：西红柿400克，芹菜1棵，柠檬1个，冷开水240毫升

黄瓜生菜冬瓜汁

原料：黄瓜1根，冬瓜50克，生菜叶30克，柠檬1/4个

香蕉牛奶汁

原料：香蕉1根，牛奶50毫升，火龙果少许

橘子蜂蜜汁

原料：橘子250克，蜂蜜适量，豆浆200毫升

猕猴桃柳橙香蕉汁

原料：猕猴桃1个，柳橙1个，香蕉1根

西红柿山竹汁

原料：胡萝卜80克，西红柿1个，山竹1个，蜂蜜少许

苹果菠萝柠檬汁

原料：苹果1个，菠萝300克，桃子1个，柠檬1个，冰块适量

菠菜芹菜汁

原料：菠菜300克，芹菜200克，香蕉半根，柠檬1/4个

香蕉哈密瓜鲜奶汁

原料：香蕉2根，哈密瓜150克，脱脂鲜奶200毫升

高脂血症

  高脂血症是指血液中总胆固醇或甘油三酯过高或者高密度脂蛋白胆固醇过低。尽管高脂血症可引起黄色瘤，但其发生率并不很高；而动脉粥样硬化的发生和发展又是一种缓慢渐进的过程。因此在通常情况下，多数患者并无明显症状和异常体征。

  遗传、饮食、糖尿病、肝病、肥胖症等都会引发高脂血症，日常饮食应遵循低盐少油的规律，能预防和改善高脂血症。蔬果汁是高脂血症患者饮食不错的选择。蔬果汁中含有维生素C和多种氨基酸，能软化血管，降低胆固醇和血脂。

对症水果有：苹果、草莓、石榴、火龙果、葡萄等。

对症蔬菜有：胡萝卜、洋葱、小白菜、藕、黄瓜等。

重要提示
将莲藕切好后，应立即放入榨汁机榨汁，以免莲藕发黑。

莲藕柠檬苹果汁

原料 >

莲藕 150 克 苹果 1 个 柠檬半个

作法 > ❶ 将莲藕洗干净，切成小块；将苹果洗干净，去掉外皮，切成小块；将柠檬洗净，切成小片。❷ 将准备好的材料放入榨汁机内榨成汁即可。

小常识 > 选购莲藕时，要挑选藕身肥大、无伤、不变色、无锈斑、不断节的，有清新香气的；藕块表面多附有泥沙，且具粗糙感；如果藕孔有泥，可以纵向切开清洗，或者是将藕切成两三节放进水里，用筷子裹上纱布，然后捅藕孔，最后再用水冲洗。

◎ 营养功效

◎苹果中含有丰富的果胶，不仅能降低血液中的胆固醇的浓度，还能防止脂肪的聚集，从而降低血脂。莲藕有降血脂、降胆固醇的作用。柠檬汁是有机酸，可以改变食物与人体的消化酶，降低血糖。

重要提示
因为西蓝花汁液不是很丰富，榨汁时可以加点纯净水。

重要提示
此款果汁不宜过量饮用。

黄瓜蔬菜蜂蜜汁

原料 >

黄瓜1根　生菜200克　西蓝花60克　蜂蜜适量

作法 > ❶将生菜、西蓝花分别用清水洗净；黄瓜洗净后切块。❷将所有原材料一起放入榨汁机中，榨出汁后倒入杯中饮用即可。

◎ 营养功效

◎黄瓜含有大量纤维素，能促进肠道排出食物废渣，减少胆固醇的吸收，有清热、解渴、利尿作用。生菜因其茎叶中含有莴苣素，有降低胆固醇的功效。常饮此款蔬果汁，能有效预防高脂血症。

美味胡萝卜柑橘汁

原料 >

胡萝卜200克　　　　柑橘3个

作法 > ❶胡萝卜洗净，切成大块；柑橘洗净，去皮，去子。❷将胡萝卜和柑橘放入榨汁机中榨汁，最后倒入杯中即可。

◎ 营养功效

◎胡萝卜中含有丰富的抗氧化物质，能有效降低血脂。柑橘中所含的橙皮甙，能降低冠状动脉血管脆性，磷酰橙皮甙能降低血清胆固醇，明显减轻和改善动脉粥样硬化病变。此款果汁能有效预防高脂血症。

重要提示
葡萄干有很多杂质，一定要多洗几遍。

重要提示
要选择手感硬实，表皮亮丽的柠檬。

苹果哈密瓜鲜奶汁

原料 >

苹果1个　哈密瓜30克　葡萄干30克　鲜奶200毫升

作法 > ❶将苹果洗净，去皮、核，切小块；哈密瓜去皮，切块；葡萄干洗净。❷将所有原料一起放入榨汁机，搅打均匀后倒入杯中饮用即可。

☺ 营养功效

◎苹果中含有的果胶，能降低血液中的胆固醇的浓度，防止脂肪的聚集，故有降低血脂的功效。牛奶中含有羟基、甲基戊二酸，能有效抑制人体内胆固醇合成酶的活性，从而抑制胆固醇的合成，降低血中胆固醇的含量。

草莓柠檬乳酪汁

原料 >

草莓4个　　柠檬半个　　乳酪200毫升

作法 > ❶将草莓洗净，去蒂；柠檬洗净，切片。❷将草莓、柠檬、乳酪一起放入榨汁机搅打均匀即可。

☺ 营养功效

◎草莓富含多种有效成分，其丰富的维生素C对动脉硬化、冠心病、心绞痛、脑出血、高血压等，都有积极的预防作用。此款果汁具有帮助降低血脂的功效。

降低血脂蔬果汁荟萃

苹果优酪乳

原料: 苹果 1 个，原味优酪乳 60 毫升，蜂蜜 30 克

香蕉蜜柑汁

原料: 香蕉 1 根，蜜柑 60 克，冷开水适量

胡萝卜南瓜牛奶

原料: 胡萝卜 80 克，南瓜 50 克，脱脂奶粉 20 克，冷开水 200 毫升

黄瓜蜜饮

原料: 黄瓜 100 克，冷开水 150 毫升，蜂蜜适量

柳橙油桃饮

原料: 细黄砂糖 1 汤匙，姜粉半茶匙，油桃 4 个，柳橙适量

猕猴桃柳橙酸奶

原料: 猕猴桃 1 个，柳橙 1 个，酸奶 130 毫升

西红柿芹菜优酪乳

原料: 西红柿 100 克，芹菜 50 克，优酪乳 300 毫升

胡萝卜山竹蔬果汁

原料: 胡萝卜 50 克，山竹 2 个，柠檬 1 个，水 100 毫升

洋葱果菜汁

原料: 洋葱半个，苹果 1 个，芹菜 100 克，胡萝卜半根

莲藕苹果汁

原料: 莲藕 1/3 个，柳橙 1 个，苹果半个，冷开水 30 克，蜂蜜 3 克

西红柿海带汁

原料: 西红柿 200 克，海带(泡软)50 克，柠檬 1 个，果糖 20 克

西芹苹果汁

原料: 西芹 30 克，苹果 1 个，胡萝卜 50 克，柠檬 1/3 个

糖尿病

　　糖尿病是一种由于胰岛素分泌缺陷或胰岛素作用障碍所致的以高血糖为特征的代谢性疾病。典型症状为"三多一少"症状，即多尿、多饮、多食和消瘦；但一些患者症状不典型，仅有头昏、乏力等，甚至无症状。免疫功能紊乱、遗传等原因都会导致糖尿病，长期的高血糖是明显的症状。平时通过合理地调节饮食，能够达到预防或辅助治疗糖尿病的效果。

　　一般人认为，糖尿病患者不能吃甜的食物，也不能喝果汁，但果汁里含有大量的膳食纤维、微量元素及维生素，能补充人体所需的营养成分。所以，糖尿病患者适量地饮用果汁，对控制糖尿病有一定的帮助。

　　对症水果有：苹果、梨、桃子、橙子、樱桃等。

　　对症蔬菜有：白菜、芹菜、苦瓜、黄瓜、油菜等。

重要提示
果汁中可加少许食盐，这样榨出的果汁更酸甜可口。

▌美味樱桃牛奶汁

原料 >

樱桃 10 颗

低脂牛奶 10 毫升

蜂蜜少许

作法 > ❶将樱桃洗净，去蒂，去核，备用。❷将樱桃放入榨汁机中，再将牛奶、蜂蜜倒入榨汁机中一起榨汁，搅匀后倒入杯中即可饮用。

小常识 > 挑选樱桃的时候，要选大颗、颜色深、有光泽、饱满、外表干燥、樱桃梗保持青绿的。一般的美国加州品种樱桃颜色较鲜红，吃起来的口感比较酸，比较好吃的则是暗枣红色的樱桃。

◎ 营养功效

◎樱桃的含铁量特别高，常食樱桃可补充体内的铁元素，能促进血红蛋白再生，既可防治缺铁性贫血，又可增强体质。牛奶含有丰富的钙、维生素、蛋白质等营养成分，有助于增强体质。常饮用此款果汁，能预防糖尿病。

重要提示
选柳橙时，橙皮颜色黄一些的，营养价值比较高。

重要提示
选取柚子时，要选体形圆润、表皮光滑、质地有些软的。

柳橙青葡萄蜜汁

原料 >

青葡萄100克　柳橙2个　蜂蜜5克

作法 > ❶将柳橙去皮、子，切成小块，备用。❷将柳橙肉放入榨汁机中，榨取汁液，再将柳橙汁与蜂蜜搅拌均匀，即可饮用。

◎ 营养功效

◎柳橙含有丰富的膳食纤维、维生素A、B族维生素、维生素C、磷、苹果酸等营养成分，有助于降低胆固醇。蜂蜜有延年益寿、清热解毒的功效。这款果汁有提神健脑、降低胆固醇、预防糖尿病的功效。

梨柚柠檬汁

原料 >

柠檬1个　梨1个　柚子半个　蜂蜜1大匙

作法 > ❶将梨洗净，去皮，切成块；柚子去皮，切成块。将梨和柚子放入榨汁机内，榨出汁液。❷再向果汁中加1大匙蜂蜜，搅匀即可。

◎ 营养功效

◎柚子肉中含有作用类似于胰岛素的铬，能降低血糖。梨子含有蔗糖、果糖、胡萝卜素、维生素C、钙、磷、铁、钾等营养素，有消渴、润肺的功效。长期饮用此款果汁，有降低血糖的功效。

重要提示
此果汁可以依个人口味和喜好，加入盐或蜂蜜调味。

重要提示
使用黄瓜前，最好先将黄瓜焯一下水，这样滋味更好。

桃子香瓜汁

原料 >

桃子1个　　香瓜200克　　柠檬1个

作法 > ❶桃子洗净，去皮、核，切块；香瓜洗净，去皮，切块；柠檬洗净，切片。
❷将桃子、香瓜、柠檬榨汁。将果汁倒入杯中，加冰块即可。

◎ 营养功效

◎桃子的糖分只占8%。可以把桃列入节食减肥食谱，因为桃可以供给身体极为合理的能量。香瓜含大量碳水化合物及柠檬酸、胡萝卜素、B族维生素、维生素C等，能消暑清热、生津解渴。此款果汁适宜糖尿病人饮用。

黄瓜苹果柠檬汁

原料 >

黄瓜250克　　苹果200克　　柠檬半个　　冰糖少许

作法 > ❶黄瓜洗净，切块；苹果洗净，去皮、子，切块；柠檬洗净，取半，切成片。
❷将黄瓜、苹果、柠檬放入榨汁机榨汁。
❸最后加入冰糖拌匀即可。

◎ 营养功效

◎黄瓜中所含的葡萄糖甙、果糖等不参与通常的糖代谢，有降血糖的功效。苹果可以稳定血糖，还能提高糖尿病患者对胰岛素的敏感性，可预防2型糖尿病。常饮此款果汁，能稳定血糖，防治糖尿病。

苹果汁

原料 >

苹果 1/2 个

作法 > ❶苹果用清水洗净，切成小块。❷在果汁机内放入苹果和水，搅打均匀。❸把果汁倒入杯中，用苹果和绿花椰装饰即可。

◎ 营养功效

◎苹果含葡萄糖、蔗糖、蛋白质、脂肪、钾、钙、磷、锌、铁及维生素B₁、维生素B₂、维生素C等，具有补血、美白养颜、保护心脏、预防便秘、清洁口腔的功效。常饮此款果汁，可保护心脏、防治糖尿病。

1

2

3

重要提示
制作苹果汁时，为保证原汁原味，要尽量在短时间内完成。

重要提示
有胃酸过多、脾胃虚寒现象的人，不宜多食青苹果。

重要提示
用手按下苹果，按得动的就是甜的,按不动的就是酸的。

青苹果菠菜汁

原料 >

青苹果2个

菠菜适量

作法 > ❶将青苹果洗净，去核，切成均匀小块，放入榨汁机中。❷将菠菜洗净，切碎，放入榨汁机中。❸榨取汁液，倒入杯中饮用。

◎ 营养功效

◎青苹果含有膳食纤维、碳水化合物、胡萝卜素、维生素、维生素E、钾、钠、钙，能润肺除烦、健脾益胃、养心益气。菠菜富含胡萝卜素、维生素C、维生素E、钾、钠，能润燥清热、下气调中。此款果汁，可降低血糖。

苹果芹菜油菜汁

原料 >

苹果120克

芹菜30克

油菜30克

蜂蜜1小勺

作法 > ❶将苹果去皮，去核；芹菜去叶洗净，切小段；油菜去根，洗净，切小段。❷将所有材料放入榨汁机一起搅打成汁，滤出果肉即可。

◎ 营养功效

◎苹果有安眠养神、补中焦、益心气、消食化积、解酒毒之功效，榨汁服用，能够顺气消食。芹菜含铁量较高，是缺铁性贫血患者的佳蔬，也是治疗高血压病及其并发症的首选之品。此款果汁适宜糖尿病人饮用。

降低血糖蔬果汁荟萃

芹菜汁

原料： 芹菜 200 克，苹果 150 克，青葡萄 50 克，柠檬汁少许

胡萝卜草莓汁

原料： 胡萝卜 100 克，草莓 80 克，冰块、冰糖少许，柠檬 1 个

梨汁

原料： 梨 1 个，橙子半个，冰水 100 毫升

葡萄柠檬汁

原料： 葡萄 150 克，柠檬半个，冷开水 200 毫升，蜂蜜少许

苹果菠萝桃汁

原料： 苹果 1 个，菠萝 300 克，桃子 1 个，柠檬半个

樱桃草莓汁

原料： 草莓 200 克，红葡萄 250 克，红樱桃 150 克，冰块适量

草莓芒果香瓜汁

原料： 草莓 80 克，芒果 2 个，香瓜 200 克，柠檬半个

芒果柠檬汁

原料： 芒果 2 个，柠檬半个，蜂蜜少许，凉开水 200 毫升

胡萝卜蔬菜汁

原料： 胡萝卜 150 克，油菜 60 克，白萝卜 60 克，柠檬 1 个

橘子汁

原料： 橘子 4 个，苹果 1/4 个，陈皮少许

白萝卜汁

原料： 白萝卜 50 克，蜂蜜 20 克，醋适量，冷开水 350 毫升

葡萄鲜奶蜜汁

原料： 葡萄 150 克、鲜奶 15 克、蜂蜜 5 克

口腔溃疡

口腔溃疡又称为"口疮"，是发生在口腔黏膜上的表浅性溃疡，大小可从米粒至黄豆大小、圆形或卵圆形，溃疡面稍凹、周围充血。溃疡具有周期性、复发性及自限性等特点，好发于唇、颊、舌缘等。局部创伤、精神紧张、食物不耐受、药物、激素水平改变及维生素或微量元素缺乏，或食用辛辣等刺激性食物，都会导致口腔溃疡。

口腔溃疡患者平时应多吃富含维生素、蛋白质和卵磷脂的食物。蔬果汁是口腔溃疡患者不错的选择。蔬果汁中富含维生素和矿物质，每天喝一杯蔬果汁，能够预防和改善口腔溃疡。

对症水果有：西瓜、苹果、梨子、桃子、杏等。

对症蔬菜有：苦瓜、胡萝卜、黄瓜、芹菜、菠菜等。

重要提示

榨汁之后，根据个人口味，可加适量白糖摇匀，口味更佳。

▍爽口西瓜葡萄柚汁

原料 >

西瓜 150 克　　芹菜适量　　葡萄柚 1 个

作法 > ❶将西瓜洗净，去皮，去子；葡萄柚去皮，切小块；芹菜去叶，洗净后切块。❷所有材料放入榨汁机内搅打成汁，滤出果肉即可。

小常识 > 选购西瓜时，以瓜皮光滑鲜亮，墨绿色的纹形清晰，无白毛，瓜底呈橘黄色者；用食指或中指弹打西瓜，发出"嘭嘭"响声；用手抚摸西瓜，手感硬而光滑者为佳。

◎ 营养功效

◎西瓜含有大量的维生素，能改善口腔溃疡症状。葡萄柚的营养丰富，含有丰富的维生素C，可溶性纤维素。维生素P能增强皮肤及毛孔的功能，有利于皮肤保健。常饮用此款果汁，能改善口腔溃疡症状。

重要提示
选购苹果时看苹果身上是否有条纹，条纹越多的品质越好。

重要提示
为防止农药危害身体，最好将梨洗净削皮后再榨汁。

芹菜胡萝卜柳橙汁

原料 >

芹菜 30 克　　柳橙 50 克　　胡萝卜 90 克　　蜂蜜少许

作法 > ❶将芹菜洗净，切成段。❷将柳橙洗净，去皮去核，切成块；胡萝卜洗净，切成块。❸将所有的材料倒入榨汁机内，搅打成汁即可。

◎ 营养功效

◎芹菜含有丰富的维生素、纤维素等营养成分，能提高溃疡面的愈合速度。常饮用此款蔬果汁，能清热降火，提高溃疡面的愈合速度。

胡萝卜雪梨汁

原料 >

胡萝卜 100 克　　雪梨 1 个　　柠檬适量

作法 > ❶胡萝卜洗净，切块；雪梨洗净，去皮及果核，切块；柠檬洗净，去皮切片。❷然后将胡萝卜、雪梨、柠檬放入榨汁机中榨汁即可。

◎ 营养功效

◎苹果有安眠养神、补中焦、益心气、消食化积、解酒毒之功效，榨汁服用，能够顺气消食。芹菜含铁量较高，是缺铁性贫血患者的佳蔬，也是治疗高血压病及其并发症的首选之品。此款果汁适宜糖尿病人饮用。

重要提示
柠檬的皮中含有
丰富的维生素，
可以连皮食用。

重要提示
黄花菜以色泽金
黄有光泽者为
佳，不能有霉烂
变质现象。

苦瓜芹菜黄瓜汁

原料 >

 黄瓜1根

苦瓜 50 克　　柠檬半个　　芹菜 50 克　　蜂蜜适量

作法 > ❶苦瓜洗净，去子，切小块备用；柠檬洗净，去皮，切小块；黄瓜洗净，去皮，切片。❷将苦瓜、柠檬加水搅打成汁。❸加蜂蜜调匀，倒入杯中。

◎ 营养功效

◎苦瓜味苦，能除邪热，解劳乏，清心明目。它的苦味还能刺激人体分泌唾液，促进胃液分泌，恢复脾胃运化的功效，增进食欲。柠檬味酸，在疲劳时喝一杯，有提神的功效。常饮此款果汁可防治口腔溃疡。

黄花菠菜蜂蜜汁

原料 >

黄花菜 60 克　菠菜 60 克　葱白 60 克　蜂蜜 30 毫升

作法 > ❶黄花菜、菠菜、葱白均洗净，切小段。❷将黄花菜、菠菜、葱白放入榨汁机中榨成汁，最后加入适量蜂蜜搅拌均匀即可。

◎ 营养功效

◎菠菜富含抗氧化剂维生素C和维生素E，维生素C、维生素E可防御机体细胞膜遭受氧化破坏，并可清除体内氧自由基等代谢"垃圾废物"，减少由内脏沉积"脂褐素"而导致脏器的退行性老化。常饮用此款果汁可防治口腔溃疡。

防治口腔溃疡蔬果汁荟萃

橘子菠萝汁

原料：橘子1个，菠萝50克，薄荷叶1片，陈皮1克

草莓水蜜桃菠萝汁

原料：草莓6颗，水蜜桃50克，菠萝80克，冷开水45毫升

西红柿蜂蜜汁

原料：西红柿2个，蜂蜜30毫升，冷开水50毫升

苹果橘子汁

原料：橘子1个，姜50克，苹果1个

葡萄哈密瓜牛奶

原料：葡萄50克，哈密瓜60克，牛奶200毫升

胡萝卜红薯牛奶

原料：胡萝卜70克，红薯1个，核桃仁1个，牛奶250毫升

苦瓜汁

原料：苦瓜50克，柠檬半个，姜7克，蜂蜜适量

苹果酸奶

原料：苹果1个，原味酸奶60毫升，蜂蜜30克，碎冰100克

猕猴桃梨子汁

原料：猕猴桃1个，梨子1个，柠檬1个

沙田柚草莓汁

原料：沙田柚100克，草莓20克，酸奶200毫升

菠菜西红柿优酪乳

原料：菠菜100克，西红柿150克，低脂优酪乳100克

桃汁

原料：桃子1个，胡萝卜30克，柠檬1/4个，牛奶100毫升

失眠

　　随着生活节奏的加快，人们的生活压力越来越大，睡眠质量也有所下降。失眠是指人无法入睡或无法保持睡眠状态，导致睡眠不足的一种常见病，又称入睡和维持睡眠障碍。睡眠质量的好坏会影响人们的生活质量和工作状态。

　　平时调整心态，同时加强饮食的调理，多吃些安神的蔬果，对改善睡眠有很好的效果。每天一杯蔬果汁，能生津解渴，镇静安神，对改善睡眠有很好的帮助。

　　对症水果有：苹果、香蕉、梨子、菠萝、柠檬等。

　　对症蔬菜有：莲藕、莴笋、芹菜、山药、黄瓜等。

重要提示
有胃酸过多现象的人，不宜饮用此款果汁。

苹果油菜柠檬汁

原料 >

苹果 1 个　　油菜 100 克　　柠檬 1 个

作法 > ❶把苹果洗净，去皮、核，切块；油菜洗净；柠檬切块。❷把柠檬、苹果、油菜都同样压榨成汁。❸将果菜汁倒入杯中，再加入冰块即可。

小常识 > 选购苹果时，外观上要选择均匀的，形状比较圆的；颜色上要挑选红色发黄的；表皮有点粗糙的；把苹果放在手里面掂一下重量，沉甸甸的表明水分多；闻下苹果的香味。

◎ 营养功效

◎柠檬能解暑除烦，缓解疲劳。苹果富含糖类、果胶、蛋白质、苹果酸、柠檬酸、胡萝卜素、B族维生素、维生素C、钾、锌、铁、磷、钙等，苹果浓郁的芳香对人的神经有很强的镇静作用，能催人入眠。

重要提示
此款果汁具有降低血压的功效，低血压患者不宜饮用。

重要提示
西芹的叶子富有营养，所以最好不要将其丢弃。

芹菜阳桃葡萄汁

原料 >

芹菜 30 克　　阳桃 50 克　　葡萄 100 克

作法 > ❶将芹菜洗净，切成小段，备用。❷将阳桃洗净，切成小块；葡萄洗净后对切，去子。❸将所有材料倒入榨汁机内，榨出汁即可。

⊙ 营养功效

◎芹菜含有蛋白质、脂肪、碳水化合物、纤维素、维生素、矿物质等营养成分，对失眠有辅助治疗的效果。阳桃带有一股清香味，含有大量的草酸、柠檬酸等营养成分，可增强机体免疫力。常饮用此款果汁，能镇静安神。

黄瓜西芹蔬果汁

原料 >

黄瓜 1/5 条　　　　　　苦瓜 1/5 条
西芹 1 棵　青苹果 1 个　青椒 1/3 个　果糖适量

作法 > ❶将黄瓜洗净，切块；青苹果洗净，切块；西芹洗净，切块；青椒、苦瓜分别洗净，去子，切块。❷将所有材料榨成汁，最后拌入果糖即可。

⊙ 营养功效

◎黄瓜的主要成分为葫芦素，具有抗肿瘤的作用，对血糖也有很好地降低作用。芹菜的叶、茎含有挥发性物质，别具芳香，能增强人的食欲。芹菜汁还有降血糖作用。此款果汁能帮助缓解失眠症状。

重要提示
患有肾炎、肾结石的人，不宜食用菠菜。

重要提示
以没有虫害、切口处有沾手的黏液，而且较重的山药较好。

▌菠菜苹果蔬果汁

原料 >

菠菜 50 克　　　苹果 1 个　　　包菜 50 克

作法 > ❶将菠菜、包菜均洗净，切碎备用；苹果洗净，去核切块。❷将所有原料均放入榨汁机中榨汁即可。

◎ 营养功效

◎芹菜含有蛋白质、脂肪、碳水化合物、纤维素、维生素、矿物质等营养成分，对失眠有辅助治疗的效果。阳桃带有一股清香味，含有大量的草酸、柠檬酸等营养成分，可增强机体免疫力。常饮用此款果汁，能镇静安神。

▌山药苹果酸奶

原料 >

山药 200 克　苹果 200 克　冰糖少许　酸奶 150 毫升

作法 > ❶将山药洗净，削皮，切成块；苹果洗净，去皮，切成块。❷将准备好的材料放入搅拌机内，倒入酸奶、冰糖搅打即可。

◎ 营养功效

◎黄瓜的主要成分为葫芦素，具有抗肿瘤的作用，对血糖也有很好地降低作用。芹菜汁有降血糖作用。此款果汁能帮助缓解失眠症状。

改善失眠蔬果汁荟萃

胡萝卜苹果芹菜汁

原料：胡萝卜 100 克，苹果 1 个，芹菜 50 克，柠檬 1 个，冰块少许

香蕉柠檬莴笋汁

原料：柠檬 1 个，梨子 1/2 个，香蕉 1 根，莴笋 100 克

梨子鲜藕汁

原料：梨子 1 个，莲藕 1 节，马蹄 60 克

菠菜菠萝牛奶

原料：菠菜 1 小把，菠萝 1 片，低脂鲜奶 200 毫升，蜂蜜少许

彩椒柠檬汁

原料：彩椒 100 克，柠檬 1 个，冰糖 5 克

茼蒿菠萝柠檬汁

原料：茼蒿、菠萝各 150 克，白萝卜 50 克，柠檬汁少许

西红柿芹菜汁

原料：西红柿 2 个，芹菜 100 克，柠檬 1 个

山药汁

原料：山药 35 克，菠萝 50 克，枸杞子 30 克，蜂蜜、冰块适量

山药蜜汁

原料：山药 35 克，菠萝 50 克，青葡萄 30 克，蜂蜜少许

葡萄芦笋苹果汁

原料：葡萄 150 克，芦笋 100 克，苹果 1 个，柠檬半个

美味梨子蜂蜜饮

原料：梨子 1 个，老姜 5 克，蜂蜜少许，冷开水适量

莲藕菠萝芒果汁

原料：莲藕 30 克，菠萝 50 克，芒果 100 克，柠檬汁少许

第四篇

适合全家人的蔬果汁

　　新鲜的蔬果汁不仅能为自身提供丰富的营养物质，还有清除体内毒素、瘦身、缓解疲劳、调理肠胃、逐步改善体质、提高免疫力的功效。不同的人群可根据自身情况选择适宜的蔬果汁。本篇分别介绍了老年人、儿童、男性、女性、孕产妇适合喝的蔬果汁，每种蔬果汁均详细介绍了原料、做法、营养功效、重点提示等内容，更有相对应的蔬果汁图鉴，易学好懂。

老年人

　　随着年龄的增长，老年人的身体机能逐渐出现各种变化，新陈代谢的能力也逐渐降低，各种疾病也随之而来，因此，老年人要特别注意日常生活中的保健。每个人都想要有健康的身体，幸福的生活，让疾病远离自己，老年人对此需求更是迫切。那么，老年人应该做些什么呢？每天适当地喝1~2杯蔬果汁，不仅能吸收蔬菜与水果的营养，还能增强抵抗力，预防"老年病"。同时，老年人应该根据自己的体质和身体状况来选择合适的蔬果汁。例如：体质偏寒的老年人应少喝一些蔬果汁，体质较热且容易上火的老年人，每次可多喝些蔬果汁。

　　老年人适宜吃的水果有：猕猴桃、香蕉、葡萄、桃子、苹果等。

　　老年人适宜吃的蔬菜有：洋葱、黄瓜、胡萝卜、芹菜、山药等。

重要提示
此款蔬果汁不宜
过量饮用。

山药橘子哈密瓜汁

原料 >

山药　　　橘子

菠萝　　苹果　　哈密瓜　　牛奶200毫升

作法 > ❶将山药、菠萝、哈密瓜去皮，橘子去皮去子，苹果去核，洗净后均以适当大小切块。❷将所有材料放入榨汁机一起搅打成汁，滤出果肉即可。

小常识 > 山药切片后需立即浸泡在盐水中，以防止氧化发黑。新鲜山药切开时会有黏液，极易滑刀伤手，可以先用清水加少许醋洗，这样可减少黏液。山药黏液中的植物碱成分易造成奇痒难忍，如不慎沾到手上，可以先用清水加少许醋洗。

◎ 营养功效

◎山药中含有淀粉酶、多酚氧化酶、维生素、微量元素等物质，有利于提高脾胃消化吸收功能，可预防心血管疾病。橘子有润肺、健脾、止渴的药效，对老年慢性支气管炎有一定的疗效。常饮此款蔬果汁，能预防心血管疾病。

重要提示
胃酸过多、胃寒的人不宜饮用此款果汁。

重要提示
肾功能不全者不宜饮用此款蔬果汁。

香蕉油菜花生汁

原料 >

香蕉半根　　　油菜1棵　　　花生适量

作法 > ❶将香蕉去皮，切成小块；油菜洗净，切成小段；花生去掉外皮，备用。❷将全部材料放入榨汁机中，榨成汁即可。

☺ 营养功效

◎香蕉越成熟，表皮上黑斑越多，免疫活性也就越高，多吃香蕉可增强人体抗癌的免疫力。柠檬富含维生素C、糖类等营养物质，能清热化痰、抗菌消炎、预防疾病。经常饮用此款果汁，能增强人体免疫力，预防疾病。

胡萝卜西瓜柠檬汁

原料 >

胡萝卜 200 克　西瓜 150 克　蜂蜜适量　柠檬汁适量

作法 > ❶将西瓜去皮、子；将胡萝卜洗净，切块。❷将西瓜和胡萝卜一起放入榨汁机中，榨成汁。❸加入蜂蜜与柠檬汁，拌匀即可。

☺ 营养功效

◎胡萝卜含有多种维生素、钙、磷、镁等矿物质，这些营养成分都是老年人保健所需的营养成分。西瓜含有多种维生素，能够抗氧化，增强免疫力，防止细胞损伤。老年人常饮此款蔬果汁，能增强免疫力，延年益寿。

重要提示
胃溃疡患者不宜饮
用此款蔬果汁。

黄瓜柠檬蜜汁

原料 >

黄瓜300克　白糖少许　柠檬50克　蜂蜜适量

作法 > ❶黄瓜洗净，切块，稍焯水备用；柠檬洗净，切片。❷将黄瓜与柠檬一起放入榨汁机内加少许水榨成汁。❸取汁，兑入白糖，加入蜂蜜拌匀即可。

◎ 营养功效

◎黄瓜含有多种维生素、钙、磷、镁等矿物质，都是老年人保健所需的营养素。柠檬能缓解钙离子，可防治心血管疾病、高血压等。老年人常饮用此款蔬果汁，可以稳定血压，延年益寿。

重要提示
胃溃疡、胃酸分泌
过多者不宜过量饮
用此款蔬果汁。

苹果菠菜柠檬汁

原料 >

苹果1个　菠菜150克　柠檬1个　蜂蜜适量

作法 > ❶苹果洗净，去核，切块；柠檬切块；菠菜洗净备用。❷然后将柠檬、苹果、菠菜一起榨成汁。❸再向果汁中加入少许蜂蜜即可。

◎ 营养功效

◎苹果能中和人体的酸性物质，预防心脏病、骨质疏松、防癌抗癌。菠菜能延缓老年人黄斑的退行性变与老化而导致的视力减退。柠檬能补充人体所需的维生素C。老年人常饮用此款蔬果汁，能防癌抗癌，延年益寿。

包菜汁

原料 >

包菜 200 克　　蜂蜜 1 大匙

作法 > ❶将包菜用水洗净。❷用榨汁机榨出包菜汁。❸在包菜汁内加入水和蜂蜜，拌匀即可。

🥄 营养功效

◎包菜含有丰富的维生家C ,维生素E,具有补骨髓、益心力、壮筋骨等功效。蜂蜜维生素、铁、钙、铜、锰，有滋养、润燥、解毒、美白养颜、润肠通便之功效。老年人常饮此款蔬果汁，可强健骨骼、延年益寿。

1

2

3

重要提示
脾胃虚寒、泄泻者
不宜饮用包菜汁。

老年人蔬果汁荟萃

石榴梨泡泡饮

原料： 梨 2 个，磨碎的甜胡椒 15 克，石榴 1 个，蜂蜜、梨各适量

小白菜苹果奶汁

原料： 小白菜 100 克，青苹果 1/4 个，牛奶 240 毫升，柠檬汁少许

芹菜柿子饮

原料： 芹菜 85 克，柿子半个，柠檬 1/4 个，酸奶半杯，冰块少许

草莓贡梨汁

原料： 草莓 6 个，贡梨 1 个，柠檬半个，冰块适量

粒粒橙雪乳

原料： 橙子 1 个，牛奶 200 毫升

草莓蔬果汁

原料： 草莓 80 克，黄瓜 80 克

苹果柳橙汁

原料： 苹果 2 个，柳橙 1 个

油菜菠萝汁

原料： 油菜 50 克，菠萝 300 克，柠檬汁 100 毫升

萝卜龙眼汁

原料： 龙眼 50 克，胡萝卜半个，蜂蜜适量

西蓝花菠菜汁

原料： 西蓝花 60 克，菠菜 60 克，葱白 60 克，蜂蜜 30 克

柠檬汁

原料： 柠檬 2 个，蜂蜜 30 毫升，凉开水 60 毫升

西红柿红椒汁

原料： 西红柿 200 克，红椒 5 克，蜂蜜 20 克

老年人蔬果汁荟萃

葡萄柚汁

原料：葡萄柚 1 个，菠萝 100 克

西瓜蜜桃汁

原料：西瓜 100 克，香瓜 1 个，蜜桃 1 个，蜂蜜、柠檬汁适量

清爽蔬果汁

原料：西瓜 150 克，白萝卜 1 个，橙子 1 个

沙田柚汁
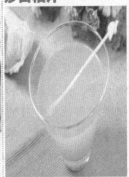
原料：沙田柚 500 克，凉开水 200 毫升

胡萝卜苹果饮

原料：胡萝卜 100 克，苹果 1 个，冰块少许，柠檬 1 个

西红柿胡萝卜汁

原料：西红柿半个，胡萝卜 80 克，橙子 1 个

苹果油菜柠檬汁

原料：苹果 1 个，油菜 100 克，柠檬 1 个，冰块少许

芹菜胡萝卜汁

原料：胡萝卜、芹菜各 50 克，苹果 1/4 个，柠檬汁 1/4 个的量

胡萝卜柑橘汁

原料：胡萝卜 200 克，柑橘 3 个，冰块适量

芥蓝薄荷汁

原料：芥蓝 200 克，薄荷叶 20 克，菠萝 80 克，柠檬 200 克

牛蒡芹菜汁

原料：牛蒡 2 根，芹菜 2 根，蜂蜜少许，冷开水 200 毫升

芝麻菜桃子汁

原料：桃子 1 个，芝麻菜 20 克，苹果 1/4 个，冰水 200 毫升

儿童

随着体格生长发育，儿童身体各部位逐渐长大，头、躯干、四肢比例发生改变，各系统器官的功能也随年龄增长而逐渐发育成熟，对同一致病因素，儿童与成人的病理反应和疾病过程会有相当大的差异。面对繁重的课业，考试、成绩、升学的竞争，儿童脑力和体力上都有很大的消耗，而且他们正处于生长发育的阶段，不仅要缓解他们学习的压力，还要补充智力、体力和视力方面的营养。在休息的时候喝上一杯蔬果汁，不仅美味可口，还能缓解压力，补充身体所需的营养，保证儿童快乐、健康地成长。

儿童适宜吃的水果有：火龙果、草莓、葡萄、香蕉、西瓜等。

儿童适宜吃的蔬菜有：胡萝卜、芹菜、白萝卜、猕猴桃、包菜等。

重要提示

大量摄入胡萝卜素会令皮肤的色素产生变化。

苹果胡萝卜蜂蜜饮

原料 >

苹果1个　　胡萝卜50克　　蜂蜜适量

作法 > ❶将苹果、胡萝卜分别洗净，去掉外皮，切成小块。❷将上述材料放入果汁机中，再加入200毫升凉开水，蜂蜜适量，打碎搅匀即可。

小常识> 选购苹果时，应挑选个大适中、果皮光洁、颜色艳丽、软硬适中、果皮无虫眼和损伤、肉质细密、酸甜适度、气味芳香者。用手握试苹果的硬软情况，太硬者未熟，太软者过熟，软硬适度为佳；用手掂量，如果重量轻则是肉质松绵。

◎营养功效

◎苹果含有多种维生素、膳食纤维、抗氧化剂、锌、镁等营养成分，能增强记忆力，对孩子还有促进发育的作用。胡萝卜含有大量的胡萝卜素，糖、钙等营养成分，有明目的功效。常饮此款蔬果汁，有健脑、明目的功效。

重要提示
畸形草莓可能是滥用激素引起的，不要选购这种草莓。

重要提示
藕性偏凉，故产妇不宜过早饮用莲藕汁。

草莓菠萝葡萄柚汁

原料 >

草莓 5 个　菠萝 100 克　葡萄柚半个　韭菜 50 克

作法 > ❶草莓洗净，去蒂；菠萝去皮，切块；葡萄柚去皮；韭菜洗净，切段。❷将韭菜、草莓、菠萝、葡萄柚直接放入榨汁机榨汁即可。

◎ 营养功效

◎草莓中所含的胡萝卜素是合成维生素A的重要物质，具有明目养肝作用。菠萝几乎含有所有人体所需的维生素和16种天然矿物质，能有效帮助消化吸收。葡萄柚能增强人体的解毒功能。这款果汁尤为适合儿童饮用。

莲藕木瓜李子汁

原料 >

莲藕 30 克　木瓜 1/4 个（80 克）　杏 30 克　李子适量

作法 > ❶将莲藕洗净，去皮，木瓜洗净，去皮去子，杏、李子洗净，去皮去核，均以适当大小切块。❷将所有材料放入榨汁机一起搅打成汁，滤出果肉即可。

◎ 营养功效

◎莲藕是滋补的佳品。这款蔬果汁富含B族维生素、维生素C、果胶、叶红素、胡萝卜素、叶绿酸、铁、钙等营养成分，儿童口干舌燥、感冒、发热、咽喉肿痛的时候，喝这款蔬果汁能缓解症状。

胡萝卜柳橙汁

原料 >

胡萝卜1根　　柳橙1个　　苹果1/2个

作法 > ❶将胡萝卜、柳橙用水洗净，切成小块。❷苹果洗净，去核、皮，切成小块。❸把全部材料放入果汁机内，搅打均匀后倒入杯中即可。

⊙ 营养功效

◎胡萝卜含有丰富的胡萝卜素、多种维生素以及多种矿质元素，有排毒、防癌、防治心血管疾病的功效。柳橙丰富的膳食纤维，维生素C有滋润健胃、化痰止咳的功效。常饮用此款果汁，可健脾益胃、排毒。

重要提示

柳橙宜选用散发香味的，此外在挑选时应选购颜色较为鲜艳的。

胡萝卜汁

胡萝卜 200 克

作法 > ❶将胡萝卜用水洗净，去皮，切段。❷用榨汁机榨出胡萝卜汁，并用水稀释。❸把胡萝卜汁倒入杯中，装饰一片胡萝卜即可。

🍵 营养功效

◎胡萝卜含有丰富的类胡萝卜素、可溶性糖、淀粉、纤维素、多种维生素以及多种微量元素，有疏肝明目，清热解毒的功效。常饮用此款果汁，可提高免疫力。

重要提示
选用新鲜的大一点的胡萝卜，榨出来的汁味道更佳。

重要提示
香蕉要选用完全成
熟的。

重要提示
选购苹果时，以
色泽浓艳、果皮
外有一层薄霜的
为好。

香蕉菠菜苹果汁

原料 >

香蕉1根　　菠菜100克　　苹果1个　　柠檬适量

作法 > ❶香蕉去皮，切块；菠菜洗净，择去
黄叶，切成段；苹果洗净，切块；柠檬洗净
去皮。❷将所有材料放入搅拌机内搅打成汁
即可。

◎ 营养功效

◎牛奶富含蛋白质和钙等营养成分，可加快体
内的新陈代谢。香蕉含有蛋白质、维生素A等
营养成分，不仅能增强对疾病的抵抗力，还能
促进食欲。菠菜能刺激肠胃、胰腺的分泌。常
饮用此款蔬果汁，有助于婴幼儿成长。

包菜苹果蜂蜜汁

原料 >

包菜100克　　苹果100克　　柠檬半个

作法 > ❶包菜洗净，切丝；苹果去核切块。
❷柠檬洗净，榨汁备用。❸将包菜、苹果放入
榨汁机中，加入水后榨汁。❹最后加入柠檬汁
调味即可。

◎ 营养功效

◎苹果含有锌、镁元素，常吃苹果能增强记忆
力，对学生还有促进发育的作用。包菜能提高
人体免疫力，促进消化，预防便秘及感冒。柠
檬能减少维生素C的破坏。包菜、柠檬、苹果
合榨为汁，能保护眼睛，适合学生饮用。

儿童蔬果汁荟萃

猕猴桃山药汁

原料：山药 250 克，猕猴桃 2 个，菠萝 250 克，蜂蜜适量

哈密瓜包菜汁

原料：哈密瓜 150 克，包菜 50 克，菠菜 100 克，柠檬汁少许

木瓜酸奶柳橙汁

原料：木瓜 200 克，冰糖少许，酸奶 200 毫升，柳橙汁 200 毫升

西蓝花酪梨葡萄柚汁

原料：西蓝花 60 克，酪梨半个，葡萄柚 1 个，低聚糖 1 大勺

胡萝卜冰糖汁

原料：胡萝卜 80 克，西红柿半个，橙子 1 个，冰糖少许

菠菜荔枝汁

原料：菠菜 60 克，荔枝 10 粒，冷开水 30 毫升、冰块少许

小白菜葡萄柚蔬果汁

原料：小白菜 1 棵，葡萄柚半个

胡萝卜西瓜优酪乳

原料：胡萝卜、西瓜各 200 克，优酪乳 120 毫升，柠檬半个

葡萄冬瓜猕猴桃汁

原料：葡萄 150 克，冬瓜 80 克，猕猴桃 1 个，柠檬半个

西瓜芹菜葡萄柚汁

原料：西瓜 150 克，芹菜 50 克，葡萄柚 1 个

香蕉苦瓜苹果汁

原料：香蕉 1 根，苦瓜 100 克，苹果 50 克，水 100 毫升

油菜包菜汁

原料：油菜 1 根，包菜叶 2 片，芹菜 1 根，柠檬汁少许

男性

　　随着生活节奏的加快，男性每天面对的学习、生活、工作的压力较大，很容易感到疲劳。疲劳有可能是由于身体上的劳累或情绪起伏导致的，也有可能是患病的表现。那么如何让男人放松，以便降低其疲劳感呢？平时除了避免营养不良引起的身体虚弱，进行适度的运动，适当补充糖分，并且保证充足的睡眠外，还要通过饮食来调理身体。平时可多吃一些富含维生素C、B族维生素及蛋白质的食物，如香蕉、苹果、橙子、草莓、菠萝等水果及绿叶蔬菜。喝一杯蔬果汁，不仅能提神，还能补充人体所需维生素、矿物质，促进肠道吸收消化功能，预防疾病。

　　男性适宜吃的水果有：香蕉、苹果、葡萄、菠萝、橙子等。

　　男性适宜吃的蔬菜有：西红柿、芹菜、洋葱、西蓝花、白萝卜等。

重要提示
将西蓝花在盐水中浸泡几分钟，可去除菜虫和残留农药。

美味西蓝花汁

原料 >

西蓝花 50 克

红砂糖适量

作法 > ❶将西蓝花切成小朵状，用沸水煮熟后以冷水浸泡片刻，沥干备用。❷将西蓝花与红砂糖倒入果汁机中，加450毫升冷开水搅打成汁即可。

小常识 > 选购西蓝花时，以花蕾青绿、柔软、饱满、紧实、结实，中央隆起；花球表面无凹陷，无虫，无黑色斑点，颜色乳白或呈绿色者为佳。手托西蓝花时，应该有较沉重的感觉，但如果花球过硬，花梗特别宽厚结实，则表示西蓝花过老，不宜购买。

◎ 营养功效

◎西蓝花含有钙、磷、磷、铁、钾、膳食纤维、蛋白质、胡萝卜素等营养成分，有增强肝脏的解毒能力，提高机体免疫力的功效。常饮用此款蔬果汁，有助于增强抵抗力，美容养颜。

重要提示
青色的西红柿不宜
用来榨汁。

重要提示
可将油菜梗从中间
剖开，以便榨汁。

菠萝西红柿蜂蜜汁

清凉香蕉油菜汁

原料 >

菠萝 50 克　　西红柿1个　　蜂蜜少许

原料 >

香蕉半根　　　　油菜1棵

作法 > ❶将菠萝洗净，去皮，切成小块。
❷将西红柿洗净，去皮，切小块。❸将以上
材料倒入榨汁机内，搅打成汁，加入蜂蜜拌
匀即可。

作法 > ❶将香蕉去皮，切成小块；油菜洗
净，切成小段。❷将全部材料放入榨汁机中，
榨成汁即可。

◎ 营养功效

◎西红柿含有丰富的维生素C，有解毒护肝、
增强免疫力的功效，番茄红素有保护视力的作
用。菠萝中的膳食纤维能去油腻，防治便秘。
此款果汁不仅可以缓解眼睛疲劳，美容护肤，
还有助于经常应酬的上班族解油腻。

◎ 营养功效

◎香蕉是高热量水果，含有碳水化合物、蛋白
质等营养成分，特别适合处在快节奏、高压
力、久坐电脑前的白领们食用。油菜含有蛋白
质、脂肪等营养成分，能够润肠通便。常饮用
此款果汁，能缓解疲劳。

重要提示
选购香蕉时，手捏
有软熟感的较甜。

重要提示
品质好的葡萄，外
观有光泽，颜色较
深且附有白霜。

香蕉哈密瓜奶汁

原料 >

香蕉 2 根　　　哈密瓜 150 克　　脱脂鲜奶 200 毫升

作法 > ❶香蕉去皮，切块。❷将哈密瓜洗
干净，去掉外皮，去掉瓤，切成小块，备
用。❸将所有材料放入搅拌机内搅打2分钟
即可。

☺ 营养功效

◎香蕉含有糖类、蛋白质、脂肪、维生素A等
营养成分，有促进食欲、助消化、保护神经系
统的功效。哈密瓜含蛋白质、膳食纤维、胡萝
卜素、果胶、糖类、维生素A等营养成分，有
抗疲劳的功效。

葡萄哈密瓜蓝莓汁

原料 >

葡萄 50 克　　　哈密瓜 60 克　　　蓝莓适量

作法 > ❶葡萄洗净，去皮、去子；将哈密瓜
洗净，去皮，切成小块；蓝莓洗净备用。❷将
所有材料放入榨汁机内搅打成汁即可。

☺ 营养功效

◎哈密瓜含蛋白质、膳食纤维、胡萝卜素、
果胶、糖类、维生素A等营养成分，有抗疲劳
的功效。葡萄含有蛋白质、维生素B₁、维生
素B₂、维生素C等营养成分，有美容养颜的功
效。常饮此款果汁，能抗疲劳。

葡萄柚菠萝汁

原料 >

葡萄柚 1/2 个　　菠萝 100 克　　蜂蜜 1 大匙

作法 > ❶把葡萄柚切成两半，用榨汁机榨汁。❷菠萝去皮，切成小块。❸把菠萝、蜂蜜、水和葡萄柚汁倒入果汁机内，搅打均匀即可。

◎ 营养功效

◎葡萄柚含有丰富的维生素B_1、维生素B_2、钠、钾，有养肝、利尿消肿、减肥、明目聪耳的功效；菠萝含有丰富的有机酸、并含维生素C、钙、铁、磷，有清热解暑、生津止渴的功效。此款果汁可养肝明目、益气健脾、抗疲劳。

重要提示
最好选择颜色较浅的蜂蜜，营养更丰富，口感也很好。

男性蔬果汁荟萃

金橘苹果汁

原料： 金橘50克，苹果1个，白萝卜80克，蜂蜜少许

芒果葡萄柚酸奶

原料： 芒果肉200克，葡萄柚半个，酸奶200毫升

荔枝酸奶

原料： 荔枝8个，酸奶200毫升

金色嘉年华

原料： 苹果200克，柠檬30克，芒果350克，生姜3片

双奶瓜汁

原料： 哈密瓜200克，椰奶40毫升，鲜奶200毫升，柠檬半个

蜜汁枇杷综合果汁

原料： 枇杷150克，香瓜50克，菠萝100克，蜂蜜2大匙

木瓜综合果汁

原料： 木瓜100克，香蕉1根，水蜜桃半个，冷开水700毫升

黄金南瓜豆奶汁

原料： 南瓜80克，蛋黄1个，豆浆150毫升，蜂蜜少许

冬瓜姜片汁

原料： 冬瓜100克，姜片50克，凉开水300毫升，蜂蜜1大匙

银耳汁

原料： 银耳70克，山药20克，鲜百合20克，冰块少许

包菜芒果柠檬汁

原料： 包菜150克，芒果1个，柠檬1个，蜂蜜适量

胡萝卜猕猴桃果汁

原料： 胡萝卜100克，猕猴桃2个，柠檬半个，冰块少许

女性

　　夏天你会想吃什么？当然是凉凉的、酸甜的蔬果汁了。虽然白开水对于我们的身体来说是必不可少的"洗涤剂"，但是，有空的时候享受一下蔬果汁的甜蜜口感和食疗神效，相信你我都会爱不释手的。特别是在炎热疲劳的夏天，还能帮助提神，醒脑，抗疲劳。

　　人们经常说女性是水做的，而每位女性都想拥有水嫩、光滑、紧致的肌肤和曼妙的身材，但随着时光的流逝，岁月总会在女性身上留下痕迹。女性怎样才能永葆青春呢？蔬果汁中含有多种维生素、有机酸等营养成分。女性每天喝1~2杯果汁，不仅能补充人体营养成分，排除体内毒素，还能延缓衰老。

　　女性适宜吃的水果有：苹果、梨子、西瓜、橘子、草莓等。

　　女性适宜吃的蔬菜有：西红柿、黄瓜、南瓜、胡萝卜、包菜等。

重要提示
选购黄瓜时，应选有顶花、带刺、挂着白霜的。

苹果黄瓜汁

原料 >

苹果（富士）2个　　　黄瓜适量

作法 > ❶苹果洗净，切成小块；黄瓜洗净，切成小块。❷在果汁机内放入苹果和黄瓜，搅打均匀。把果汁倒入杯中，用苹果和绿花椰装饰即可。

小常识 > 清洗黄瓜，可用洗洁精和牙刷，然后将黄瓜在水中浸泡二十几分钟，这样做的目的是去除残留的农药和洗洁精。

◎ 营养功效

◎苹果中含有丰富的糖类、维生素C、矿物质等营养成分，能清热解毒，生津止渴。黄瓜含有维生素C、胡萝卜素、蛋白质等人体必需的营养素，能清热解毒，生津止渴，利尿消肿。此款果汁能生津止渴，清热解毒。

重要提示
胃溃疡、慢性胃炎患者不宜饮用此款果汁。

重要提示
胃溃疡、胃酸分泌过多者不宜饮用此款果汁。

雪梨李子蜂蜜汁

柠檬橙子橘子汁

原料 >

雪梨1个　　　李子适量　　　蜂蜜适量

作法 > ❶雪梨洗净，去皮、去子；李子洗净，去皮、去子。❷将以上材料以适当大小切块，与蜂蜜一起放入榨汁机内搅打成汁，滤出果肉即可。

原料 >

柠檬汁适量　　橙子200克　　橘子适量

作法 > ❶将橙子去皮，取肉切小块；橘子去皮、去核，切块。❷将橙子和橘子放入榨汁机中榨汁搅拌后，再倒入玻璃杯中。❸在玻璃杯中加入柠檬汁混合均匀即可。

◎ 营养功效

◎雪梨含有丰富的B族维生素，能清热镇静，能保护心脏，减轻疲劳，增强心肌活力。李子含有蛋白质、钙、磷等营养成分，能生津利尿、清除肝热。蜂蜜能润燥、解毒。此款果汁能生津止渴，消热镇静。

◎ 营养功效

◎柠檬含有丰富的柠檬酸、苹果酸等有机酸，还含有橘皮甙、柚皮甙等物质，具有很强的抗氧化性作用。适量服用新鲜柠檬汁有助于身体对铁、钙的吸收，还能防止和消除皮肤色素沉淀、使肌肤光洁柔嫩，具有延缓衰老的作用。

重要提示
对芒果过敏者不宜饮用此款果汁。

重要提示
患有皮肤病者不宜饮用此款果汁。

▌美味西红柿芒果汁

原料 >

西红柿1个　　　芒果1个　　　蜂蜜少许

作法 > ❶西红柿洗净，切块；芒果洗净，去皮，去核，将果肉切成小块，和西红柿块一起放入榨汁机中榨汁。❷将汁液倒入杯中，加入蜂蜜拌匀即可。

◎ 营养功效

◎西红柿含有丰富的维生素、钙、磷、胡萝卜素等营养成分，有降低血液中胆固醇含量，防治动脉粥样硬化的作用。芒果有粗纤维、矿物质等营养成分，有润肠通便、降低胆固醇的功效。常饮此款果汁，可减肥、预防疾病。

▌爽口西红柿洋葱汁

原料 >

西红柿1个　　洋葱100克　　红糖少许

作法 > ❶将西红柿底部以刀轻割十字，入沸水汆烫后去皮。❷将洋葱洗净后切片，泡入冰水中，沥干水分。❸将西红柿、洋葱、红糖放入榨汁机内，榨汁即可。

◎ 营养功效

◎西红柿中含有番茄红素，它是很强的抗氧化剂，可以帮助身体抵抗各种因自由基引起的退化性疾病。洋葱含微量元素硒，有增强人体新陈代谢、抗衰老及防癌的作用。西红柿和洋葱合榨为汁，能抗衰老。

青红葡萄汁

原料 >

青葡萄 70 克   红葡萄 70 克

作法 > ❶将葡萄一一摘下，用水洗净。❷把带皮的葡萄放入果汁机内，搅打均匀。❸把果汁滤出倒入杯中，放入冰块即可。

🥄 营养功效

◎青葡萄含有丰富的蛋白质、钙、磷、铁、胡萝卜素、维生素A，有抗病毒、防癌抗癌、抗动脉粥样硬化的功效。红葡萄含有丰富的葡萄糖，有降低胆固醇、抗衰老的功效。此款果汁可防癌抗癌、降低胆固醇。

1

2

3

重要提示
葡萄用面粉清洗，
会洗得更干净。

女性蔬果汁荟萃

美味柠檬芹菜香瓜汁

原料：柠檬1个，芹菜30克，香瓜80克，冰块、砂糖各少许

胡萝卜桃子牛奶汁

原料：桃子半个，胡萝卜50克，红薯50克，牛奶200毫升

黄瓜苹果蜂蜜汁

原料：黄瓜2根，苹果半个，蜂蜜适量，冷开水240毫升

菠菜蔬果汁

原料：菠菜300克，圣女果100克，木瓜半个

苹果番荔枝汁

原料：苹果1个，番荔枝2个，蜂蜜20克

胡萝卜甜椒苹果汁

原料：胡萝卜1个，苹果1个，红色甜椒半个，柳橙半个

香瓜草莓西芹汁

原料：香瓜200克，草莓100克，西芹100克，蜂蜜30克

包菜木瓜汁

原料：包菜120克，木瓜半个，柠檬半个，冰块少许

贡梨酸奶

原料：贡梨1个，柠檬半个，酸奶200毫升

苹果红薯蔬果汁

原料：苹果1/4个，红薯50克，柳橙1个

西瓜橘子西红柿汁

原料：西瓜200克，橘子1个，西红柿1个，柠檬半个

橘子苦瓜汁

原料：橘子2个，苦瓜60克，苹果1/4个，冰水200毫升

女性蔬果汁荟萃

木瓜莴笋汁

原料： 木瓜 100 克，苹果 300 克，莴笋 50 克，柠檬半个

芹菜橘子汁

原料： 红色彩椒 1 个，芹菜 1/3 个，苹果半个，橘子 1 个

南瓜橘子汁

原料： 南瓜 50 克，胡萝卜 100 克，橘子半个，鲜奶 200 毫升

苹果胡萝卜葡萄汁

原料： 苹果 1 个，胡萝卜 50 克，葡萄 100 克，冷开水 200 毫升

菠萝西瓜汁

原料： 菠萝 50 克，西瓜 100 克，蜂蜜少许，冷开水 200 毫升

白菜柠檬汁

原料： 白菜 50 克，柠檬汁 30 毫升，柠檬皮少许

清爽蜜橙汁

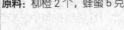

原料： 柳橙 2 个，蜂蜜 5 克

桂圆芦荟露

原料： 桂圆 80 克，芦荟 100 克，冰糖适量，开水 300 毫升

西蓝花白萝卜汁

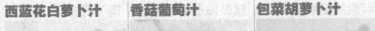

原料： 西蓝花 100 克，白萝卜 80 克，柠檬汁 100 毫升，蜂蜜少许

香菇葡萄汁

原料： 干香菇 10 克，葡萄 120 克，蜂蜜 10 克

包菜胡萝卜汁

原料： 包菜 50 克，胡萝卜半根，柠檬汁 10 毫升

包菜土豆汁

原料： 包菜 50 克，土豆 1 个，南瓜 50 克，牛奶 200 毫升

孕产妇

　　女性怀孕时期是最美丽的，因为孕育着新的生命。正常怀孕后，女性首先感受到的是一种将为人母的喜悦，即要做妈妈了。强烈的母爱从受孕成功那刻就已经开始产生了，因而会在情绪和情感上出现从未有过的兴奋与幸福感。同时，孕妇可能在这一时期会出现一些生理变化。有的女性在孕期会出现很多不适，如恶心、胃口不佳等，为了宝宝和自己的身体健康和营养，需要多吃些东西。孕产妇要补充叶酸，多吃些菠菜、油菜等富含叶酸的蔬果，有利于宝宝的健康。孕妇每天喝一杯蔬果汁，不仅可补充人体所需的营养，还能增加食欲，减轻不适症状。

　　孕产妇适宜吃的水果有：苹果、西瓜、葡萄、木瓜、柠檬等。

　　孕产妇适宜吃的蔬菜有：西红柿、西蓝花、黄瓜、包菜、莲藕等。

重要提示

瓜脐部位向里凹，藤柄向下贴近瓜皮，是成熟的西瓜。

西瓜西芹胡萝卜汁

原料 >

西瓜 100 克

西芹 50 克　菠萝 100 克　胡萝卜 100 克　蜂蜜少许

作法 > ❶菠萝、胡萝卜削去外皮，切块备用；西芹洗净，切小段；西瓜去子取肉。

❷冷开水倒入榨汁机中，将以上材料和蜂蜜放入榨汁机中，搅打匀过滤即可。

小常识> 新鲜的芹菜要以根部干净，颜色翠绿，无斑点；茎较均匀，肉质较厚；叶柄肥厚，清脆为佳；一颗芹菜要有4个左右的叶柄，叶柄较直，而且整齐；芹菜会有很浓的芹菜味，可以放在鼻子下面轻轻闻一下，是不是那种芹菜特有的清香。

⊙ 营养功效

◎孕妇在妊娠早期吃些西瓜，可以生津止渴，除腻消烦，对止吐也有较好的效果。芹菜富含铁，还含有挥发性芳香油，具有特殊的香味，能增进食欲。孕产妇经常饮用此款果汁，能为孕妇补血，还能补充胎儿的营养。

重要提示
要选择叶子质地脆嫩、纤维较少的新鲜芥菜。

重要提示
西红柿可以用开水烫一下再去皮。

柠檬芥菜葡萄柚汁 | 西红柿胡萝卜汁

原料 >

柠檬1个　　芥菜100克　　葡萄柚1个

原料 >

西红柿150克　　胡萝卜1个　　柠檬1/3个

作法 > ❶将柠檬连皮切成块；葡萄柚洗净，去皮；芥菜洗净。❷将柠檬、葡萄柚、芥菜放入榨汁机榨汁即可。

作法 > ❶将各色蔬果分别洗净切好。❷将所有原料放入榨汁机内，榨汁即可。

◎ 营养功效

◎柠檬味酸，能补充人体所需的维生素C，而且对孕期的呕吐起到很好的止吐效果。橘子含有叶酸，是细胞所需的营养。芥菜富含维生素A、B族维生素、维生素C和维生素D，能为胎儿补充营养。

◎ 营养功效

◎西红柿富含维生素C、各种矿物质及胡萝卜素，能促进铁的吸收，增强抵抗力。柠檬味酸，能补充人体所需的维生素C，而且对孕期的呕吐能起到很好的止吐效果。这款蔬果汁，能防止孕期钙的流失，适合孕期女性饮用。

重要提示
胃肠溃疡患者不宜喝包菜橘子汁。

重要提示
选择新鲜个大一点的胡萝卜，汁水会丰富些。

包菜橘子汁

原料 >

包菜 300 克　　橘子 1 个　　柠檬半个　　砂糖适量

作法 > ❶将包菜洗干净，撕成小块；将橘子剥皮，去掉内膜和子；柠檬洗净，切片备用。❷把准备好的材料倒入榨汁机内榨成汁，再加入砂糖、冰块即可。

◎ 营养功效

◎包菜富含蛋白质、膳食纤维、维生素A、胡萝卜素、维生素C等，有增进食欲、促进消化、预防便秘的功效；橘子含有丰富的蛋白质、钙、维生素C等，有生津、和胃利尿的功效。这款果汁可增强免疫力，适合孕产妇饮用。

葡萄蔬果汁

原料 >

葡萄 150 克　　胡萝卜 50 克　　酸奶 200 毫升

作法 > ❶将胡萝卜用清水洗干净，去掉外皮，切成大小适合的块；将葡萄用清水洗干净，去子备用。❷将所有材料放入搅拌机内搅打成汁即可。

◎ 营养功效

◎葡萄含有丰富的蛋白质、钙、铁、胡萝卜素、维生素C等，有滋阴补血、强健筋骨、通利小便的功效。胡萝卜有蛋白质、维生素A、维生素B$_2$等。二者合榨成汁，有健脾和胃的功效，孕产妇适宜饮用。

孕产妇蔬果汁荟萃

荔枝柠檬汁

原料：荔枝 400 克，柠檬 1/4 个，冷开水适量

双果柠檬汁

原料：芒果 1 个，人参果 1 个，柠檬半个，冷开水 100 毫升

西瓜西红柿生菜汁

原料：西瓜 150 克，西红柿 1 个，柠檬半个，冰块适量

柳橙西瓜汁

原料：柳橙半个，红西瓜 150 克，凉开水 50 克，糖水 30 毫升

葡萄菠菜汁

原料：葡萄 15 颗，菠菜 100 克，西芹 60 克，梅汁 10 克

水果西蓝花汁

原料：猕猴桃 1 个，西蓝花 80 克，菠萝 50 克，冷开水适量

包菜桃子汁

原料：包菜 100 克，水蜜桃 1 个，柠檬 1 个

营养蔬菜汁

原料：包菜 30 克，西红柿 30 克，海带 30 克，鲜香菇 1 朵

包菜蜜瓜汁

原料：包菜 80 克，黄河蜜瓜 100 克，柠檬 1 个，蜂蜜适量

鲜果蔬菜汁

原料：香瓜 1 个，苹果 1/4 个，芹菜 100 克，冷开水 300 毫升

胡萝卜豆浆

原料：胡萝卜、苹果各 150 克，橘子 1 个，豆浆 240 毫升

柠檬柳橙香瓜汁

原料：柠檬 1 个，柳橙 1 个，香瓜 1 个

第五篇

爱美女性专属
蔬果汁

爱美是女人的天性。相对男性群体，女性朋友在日常生活中总会更多地关注健康养生方面的知识。女性保健主要分为三个阶段，分别是青春期、孕产期以及更年期，而不管是处于哪个时期，都需要注重日常生活中的健康保健问题。本章将从美白护肤、补血养颜、纤体瘦身、除斑祛斑四个方面入手，为不同时期的爱美女性介绍多款营养均衡的蔬果汁，为女性朋友们的健康保驾护航。

美白护肤

　　常言道："一白遮三丑。"拥有晶莹剔透的肤色，往往能遮盖很多肌肤上的瑕疵，令人焕发亮丽神采。裸妆时拥有亮白的肌肤是一件不易的事，很多女性都在为达到这个目的而不断努力着。但是面膜、面部按摩、化妆品等，在带给我们瞬间美丽的同时也伤害着我们的肌肤。新陈代谢下降、遗传因素等，都有可能造成肌肤暗沉不均及斑点形成等问题。为何不试试喝蔬果汁从内部来调理呢？喝蔬果汁既不用担心对皮肤造成伤害，也不用担心对化妆品产生依赖。每天一杯蔬果汁，既能补充多种维生素、胡萝卜素、有机酸等，还能改善肌肤。长期坚持饮用，定会让你拥有亮白无瑕的肌肤。

　　具有美白护肤功效的水果有：猕猴桃、橙子、柠檬、苹果、草莓等。

　　具有美白护肤功效的蔬菜有：黄瓜、西红柿、小白菜、菠菜、胡萝卜等。

菠萝苹果葡萄柚汁

原料 >

菠萝200克　苹果1个　葡萄柚半个　柠檬半个　蜂蜜适量

作法 > ❶葡萄柚、柠檬洗净，去皮切块，入榨汁机中榨汁。❷菠萝、苹果洗净，切小块，入搅拌机中搅打成泥，滤出果汁。❸将两种果汁混合，加蜂蜜、冰块。

小常识 > 选购菠萝时，以菠萝的果实呈圆柱形或两头稍尖的卵圆形，大小均匀适中，果形端正，芽眼数量少的为佳。成熟度好的菠萝表皮呈淡黄色或亮黄色，两端略带青绿色，顶部的冠芽呈青褐色。

重要提示
有脾胃虚寒症状者，不宜饮用此款果汁。

◎ 营养功效

◎苹果有安眠养神、消食化积的功效，对消化不食、气壅不通症，榨汁服用，能够顺气消食。菠萝朊酶有溶解阻塞于组织中的纤维蛋白和血凝块的作用，能改善局部的血液循环，消除炎症和水肿。此款果汁能美白肌肤。

重要提示
最佳饮用时间为饭后半小时，空腹不宜饮用此款蔬果汁。

重要提示
此款果蔬汁有降血压的功效，所以低血压患者不宜饮用。

芹菜西红柿柠檬饮

芹菜胡萝卜苹果汁

原料 >

西红柿 2 个　　芹菜 100 克　　柠檬 1 个

作法 > ❶将西红柿洗净，切成小块。❷将芹菜洗净，切成小段；柠檬洗净，切片。❸将所有材料放入榨汁机内，榨出汁即可。

◎ 营养功效

◎芹菜含有大量的粗纤维，可刺激胃肠蠕动，促进排便。西红柿有美容效果，常吃具有使皮肤细滑白皙的作用，可延缓衰老。常饮此款蔬果汁，能整体提升肤质，排除体内毒素，提亮肤色。

原料 >

胡萝卜 50 克

芹菜 50 克　　苹果 1/4 个　　柠檬汁 1/4 个　　薄荷叶适量

作法 > ❶将胡萝卜洗净，去皮切丁；芹菜洗净切段；苹果去皮洗净，切块。❷将以上材料放入榨汁机与柠檬汁一起搅打成汁，滤出果肉，最后用薄荷叶点缀即可。

◎ 营养功效

◎芹菜中含有膳食纤维、蛋白质、脂肪、碳水化合物、维生素、矿物质等营养成分，有降脂、降胆固醇等功效。胡萝卜含有胡萝卜素等营养成分，有降低胆固醇和血脂的功效。二者合榨汁，可美白护肤。

重要提示
梨煮熟后再榨汁，
味道更好。

重要提示
鲜牛奶选呈乳白色
或稍带微黄色，无
异味，呈均匀的流
体状的。

黄瓜雪梨蜂蜜汁

原料 >

黄瓜 2 根　　雪梨 1 个　　蜂蜜适量

作法 > ❶将黄瓜洗净，切块；雪梨洗净，
去皮及核，切小块备用。❷将黄瓜、雪梨一
起放入榨汁机中榨成汁，再加入蜂蜜、柠檬
汁，调匀即可。

◎ **营养功效**

○黄瓜对吸收紫外线有很好的效果。黄瓜中还
含有丰富的维生素C，有美白功效，对肌肤起到
增白的作用。梨含有维生素A，能促进肌肤代
谢。常饮这款蔬果汁，能让肌肤光泽、白皙。

西红柿香蕉奶汁

原料 >

西红柿 1 个　香蕉 1 个　牛奶 200 毫升　蜂蜜少许

作法 > ❶将西红柿用清水洗净，切成块；香
蕉去皮，切段备用。❷将所有材料放入榨汁机
内，搅打成汁后倒入杯中饮用即可。

◎ **营养功效**

○柠檬富含维生素C，能淡化皮肤色斑。西红
柿含有丰富的维生素，经常食用，可淡化色
斑，美白肌肤。牛奶含有铁、铜、维生素A等
营养成分，能使皮肤保持光滑和丰满。常饮用
此款蔬果汁，能美容养颜。

菠萝汁

原料 >

菠萝 200 克

柠檬汁 50 毫升

作法 > ❶菠萝去皮，洗净，切成小块。❷把菠萝和柠檬汁放入果汁机内，搅打均匀。❸把菠萝汁倒入杯中即可。

◎ 营养功效

◎菠萝含有果糖，葡萄糖，B族维生素、维生素C，磷，柠檬酸等，能解暑止渴、消食止泻。柠檬富含维生素C、维生素B₁、维生素B₂、糖类、钙、磷、铁，能化痰止咳，生津，健脾。此款果汁，可美容养颜，排毒瘦身。

1

2

3

重要提示
选购菠萝时，要选择饱满、着色均匀、闻起来有清香的果实。

西红柿沙田柚蜂蜜汁

原料 >

沙田柚半个

西红柿2个

蜂蜜适量

作法 > ❶将沙田柚洗净，切开，放入榨汁机中榨汁。❷将西红柿洗净，切块，与沙田柚汁、凉开水放入榨汁机内榨汁。❸饮前加适量蜂蜜搅匀即可。

◎ 营养功效

◎西红柿有美容效果，常吃具有使皮肤细滑白皙的作用，可延缓衰老。沙田柚含有维生素C等，能清热解毒。经常饮用此款蔬果汁，能治疗脂肪肝，还有美白护肤的功效。

美白护肤蔬果汁荟萃

芹菜苹果汁

原料：芹菜 80 克，苹果 50 克，胡萝卜 60 克，蜂蜜少许

猕猴桃西蓝花菠萝汁

原料：猕猴桃 1 个，西蓝花 80 克，菠萝 50 克，冷开水适量

豆芽草莓汁

原料：豆芽 100 克，草莓 50 克，柠檬 1/3 个，黑芝麻 1/2 小匙

石榴青苹果汁

原料：石榴 350 克，青苹果 100 克

草莓芒果芹菜汁

原料：草莓、芹菜各 80 克，芒果 3 个

胡萝卜酸奶

原料：胡萝卜 200 克，酸奶 120 毫升，柠檬半个，冰糖少许

胡萝卜甜椒汁

原料：胡萝卜 1 个，红色甜椒半个，柳橙半个

酸甜柠檬蜜

原料：柠檬半个，蜂蜜适量，豆浆 180 毫升

阳桃柳橙汁

原料：阳桃 2 个，柳橙 1 个，柠檬汁、蜂蜜各少许

火龙果柠檬汁

原料：火龙果 200 克，柠檬 1/2 个，优酪乳 200 毫升，芹菜少许

芦荟果汁

原料：芦荟 120 克，油菜 80 克，柠檬 1 个，胡萝卜 70 克

包菜白萝卜汁

原料：包菜 50 克，白萝卜 50 克，无花果 150 克，酸奶 1/4 杯

补血养颜

不管在什么时候，补血养颜都是女性朋友需要特别注意的一点。由于女性体质特有的属性，经常会引起一些女性常见的气血问题，比如，女性缺铁性贫血、痛经、白带异常等，这些问题都容易导致女性气血两虚。

在日常生活中，女性朋友除了适当进行运动锻炼，保持良好的作息规律，还需要特别注意日常饮食的均衡。在某段时期注意摄入哪些食物，避免摄入哪些食物，才不至于加重身体负担。作为家庭主妇的女性朋友，可以将经常食用的蔬菜水果搭配起来，调成蔬果汁饮用；而由于工作繁忙不能精细调理的女性工作者们，蔬果汁更是其简单快捷的营养补充方式。

具有补血养颜功效的水果有：猕猴桃、葡萄、牛油果、香蕉、柳橙等。

具有补血养颜功效的蔬菜有：玉米、油菜、南瓜、胡萝卜、包菜等。

重要提示
霉坏变质的玉米有致癌作用，不宜食用。

玉米汁

原料 >

玉米2个

作法 > ❶ 将玉米用清水洗净，去玉米须后，将玉米粒一粒一粒取下备用。❷ 将玉米粒放入榨汁机中榨汁，倒入适当杯中饮用。

小常识 > 玉米以整齐、饱满、无缝隙、色泽金黄、表面光亮者为佳。玉米发霉后能产生致癌物，所以发霉玉米绝对不能食用。皮肤病患者忌食玉米。吃玉米时应把玉米粒的胚尖全部吃进，因为玉米的许多营养都集中在这里。

◎ 营养功效

◎玉米含有丰富的叶酸、谷胱甘肽、β-胡萝卜素、叶黄素、玉米黄质、硒、钾、镁，有健脾益胃、抗衰老、美容养颜、防癌抗癌、防止动脉硬化、降血糖的功效。常饮此款果汁，可补血养颜、延缓衰老。

重要提示
此款果汁具有降血压的功效，"三高"患者尤其适合饮用。

黑加仑牛奶汁

原料 >

黑加仑 10 克

牛奶适量

作法 > ❶将黑加仑用清水洗净，放入榨汁机中。❷将牛奶倒入榨汁机中，和黑加仑一起榨取汁液后取出，倒入杯中即可饮用。

⊙ 营养功效

◎黑加仑能坚固牙龈、保护牙齿、保护肝功能、延缓衰老。牛奶含有脂肪、磷脂、蛋白质、乳糖、无机盐、钙、磷、铁、锌，能强健骨骼、美容养颜、防癌抗癌。黑加仑、牛奶合榨为汁，有补益气血、提升肤质的功效。

重要提示
饭前或空腹时不要吃柑橘，会刺激胃壁黏膜，对胃部健康不利。

南瓜胡萝卜柑橘汁

原料 >

南瓜 100 克

胡萝卜 150 克

柑橘 1 个

鲜奶 200 毫升

作法 > ❶南瓜洗净，去皮切块，入锅煮软。❷柑橘去皮；胡萝卜洗净，削皮，切小块。❸将所有原料放入榨汁机内榨汁即可。

⊙ 营养功效

◎南瓜含有蛋白质、胡萝卜素、B族维生素、维生素C，能预防胃炎，防治夜盲症，护肝，中和致癌物质。柑橘含有丰富维生素C、蛋白质、糖、无机盐、钙、磷，能降低胆固醇，预防血管破裂。饮此款果汁能补血养颜，美白护肤。

葡萄汁

原料 >

葡萄 200 克　白糖 1 小匙

作法 > ❶将葡萄用清水洗净。❷把葡萄、白糖一起放入榨汁机内，榨取汁液。❸把葡萄汁倒入杯中加冰块饮用即可。

◎ 营养功效

◎葡萄富含葡萄糖、钙、钾、磷、铁、维生素B_{12}、有机酸、氨基酸，有抗贫血、利尿消肿、美容养颜、补益和兴奋大脑神经。常饮此款果汁，有美容养颜、延缓衰老、补益脾胃的功效。

1

2

3

重要提示
柳橙宜选用散发香味的，此外在挑选时应选购颜色较为鲜艳的。

猕猴桃汁

原料 >

猕猴桃 3 个

柠檬 1/2 个

作法 > ❶猕猴桃用水洗净，去皮，切成小块。❷在果汁机中放入柠檬汁、猕猴桃和冰块，搅打均匀。❸把猕猴桃汁倒入杯中，装饰柠檬片即可。

⊙ 营养功效

◎猕猴桃能预防癌症、排毒、抗衰老、减肥健美的。柠檬富含维生素C、钙、磷、维生素B₁、维生素B₂，有生津解暑、开胃、抗菌消炎、延缓衰老的功效。常饮此款果汁，可排毒瘦身、美白肌肤。

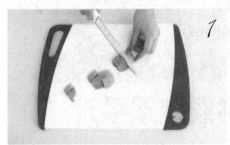
1

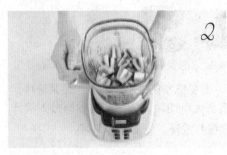
2

3

重要提示
用来榨汁的猕猴桃最好不要太硬，也不要选择软绵绵的。

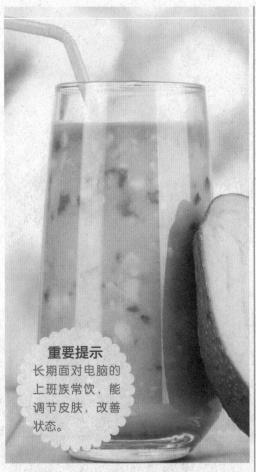

重要提示
长期面对电脑的
上班族常饮，能
调节皮肤，改善
状态。

重要提示
有风寒感冒、痢疾
症状的人，不宜饮
用此款果汁。

牛油果汁

原料 >

牛油果1个

作法 > ❶将牛油果用清水洗净，去皮，去核，切成等份均匀小块。❷将切块的牛油果放入榨汁机中，榨取汁液后倒入杯中饮用。

☺ 营养功效

◎牛油果富含维生素A、维生素C、维生素E、钾、钙、铁、镁、磷、钠、食用植物纤维、不饱和脂肪酸，有降低血脂、降低胆固醇、美容养颜的功效，常饮此款果汁，可美容养颜、预防疾病。

猕猴桃双菜汁

原料 >

菠菜 100 克　猕猴桃 2 个　油菜 100 克　蜂蜜 1 小勺

作法 > ❶将猕猴桃去皮，油菜、菠菜洗净，均以适当大小切块。❷将所有材料放入榨汁机一起搅打成汁，滤出果肉即可。

☺ 营养功效

◎菠菜能滋阴润燥，补血止血，对津液不足、肠胃失调、肠燥便秘以及贫血、便血、高血压等症，均有一定疗效。油菜对抵御皮肤过度角质化大有裨益，可促进血液循环、散血消肿。此款果汁能补血养颜。

补血养颜蔬果汁荟萃

橘子萝卜苹果汁

原料：橘子1个，萝卜80克，苹果1个，冰糖10克

山药枸杞蜜汁

原料：山药35克，菠萝50克，枸杞子30克，蜂蜜少许

黄瓜活力蔬果汁

原料：黄瓜2条，胡萝卜1个，柠檬半个，柳橙1个，蜂蜜少许

胡萝卜包菜饮

原料：包菜、胡萝卜各适量，柠檬汁10毫升

草莓汁

原料：草莓180克，蜂蜜适量，豆浆180毫升

南瓜汁

原料：南瓜100克，椰奶50毫升，红砂糖10克

樱桃柚子汁

原料：柚子半个，樱桃100克，糖水30毫升，凉开水30毫升

苹果西芹芦荟汁

原料：苹果1个，西芹50克，青椒半个，苦瓜半条，芦荟50克

樱桃草莓汁

原料：草莓200克，红葡萄250克，红樱桃150克，冰块适量

香蕉柳橙姜汁

原料：香蕉1根，柳橙1个，生姜2片，冷开水100毫升

樱桃鲜果汁

原料：樱桃8颗，菠萝50克，柠檬1个，蜂蜜10克

苹果橘子油菜汁

原料：苹果半个，橘子1个，油菜50克，菠萝50克

纤体瘦身

　　每个女人都想拥有健美匀称的身材，不多一分赘肉，不少一分健康。想要达到这样的目的，女性朋友就需要在日常生活中更加注意对自身健康的调节，其中最重要的当然是采取"合理运动+控制饮食"的方法。只要养成健康合理的生活方式，就不怕瘦不下来。

　　蔬菜和水果是女性朋友纤体瘦身时最注重的两类食物。蔬菜水果中丰富的营养成分和植物纤维，既可以为身体补充营养，又不像肉类食物一样容易增加脂肪含量。选择合适的蔬菜和水果进行搭配，调配成营养又健康的蔬果汁，最适合想纤体瘦身的女性。

　　有纤体瘦身功效的水果有：苹果、水蜜桃、香蕉、西瓜、柠檬等。

　　有纤体瘦身功效的蔬菜有：黄瓜、西蓝花、西红柿、红薯、山药等。

重要提示

长期面对电脑的上班族常饮，能调节皮肤，改善状态。

▌薄荷黄瓜汁

原料 >

黄瓜1根　　　　薄荷叶适量

作法 > ❶将黄瓜洗净，去皮，切丁备用；将薄荷叶洗净备用。❷将黄瓜和薄荷叶放入榨汁机中榨汁；最后倒入杯中即可。

小常识 > 要选择颜色翠绿、不夹杂杂草的新鲜薄荷。薄荷不宜保存，建议现买现食。晒干后可入药，能保存较长时间。薄荷尤其适宜外感风热、头痛目赤、咽喉肿痛之人食用。

◎ 营养功效

◎黄瓜含有钙、磷、铁、胡萝卜素、维生素，能抗肿瘤、抗衰老、减肥强体、健脑安神、降血糖。薄荷富含维生素C、维生素B₂、钙、钾、铁、油酸、亚油酸，能提神健脑、美容养颜。此款果汁可健脑安神、排毒瘦身。

重要提示
草莓不易洗净，可用淡盐水浸泡10分钟再清洗。

重要提示
菠萝食用前，先用淡盐水浸泡，能减弱酸味，预防过敏。

草莓石榴菠萝汁

原料 >

草莓5颗

石榴1个

菠萝300克

柠檬适量

作法 > ❶将草莓洗净，去蒂；石榴取肉；菠萝去皮，切小块，留一小部分备用。❷将所有原料放入榨汁机中榨汁。❸将果汁倒入杯中，加少许菠萝块即可。

☺ 营养功效

◎草莓富含氨基酸、胡萝卜素、维生素B₁、钙、镁、磷、钾，能清暑解热，生津止渴，利尿止泻。石榴含有维生素C、有机酸、糖类、蛋白质、钙、磷、钾，能生津止渴，收涩止泻。此款果汁，可美白护肤、排毒瘦身。

菠萝姜汁

原料 >

菠萝半个

生姜2片

作法 > ❶将菠萝去皮，洗净，切成小块。❷将生姜洗净，去皮切细粒。❸将所有材料放入榨汁机中搅匀即可饮用。

☺ 营养功效

◎菠萝含有大量的果糖，葡萄糖，B族维生素、维生素C，磷，柠檬酸和蛋白酶，能美白肌肤、清理肠胃。生姜富含胡萝卜素、维生素C、钾、钠、钙，能开胃健脾、延缓衰老。此款果汁，可补血益气、纤体瘦身。

重要提示
痰湿内盛、肠滑便溏、尿路结石患者不宜多食草莓。

重要提示
痰湿内盛、肠滑便泻、尿路结石患者不宜多食草莓。

草莓牛奶萝卜汁

原料 >

草莓 3 颗　　白萝卜 100 克　　牛奶 100 毫升

作法 > ❶将草莓用清水洗净，去蒂；白萝卜用清水洗净，去皮，切小丁。❷将所有原料倒入榨汁机中榨汁。❸最后将蔬果汁倒入杯中即可饮用。

> ◎ **营养功效**
>
> ◎草莓富含氨基酸、胡萝卜素、维生素B₁、维生素B₂、钙、镁、磷，能明目养肝、防癌。白萝卜含蛋白质、钙、磷、铁、无机盐、维生素C，可防癌抗癌、美容养颜。草莓、牛奶、白萝卜合榨为汁，可美白护肤、纤体瘦身。

黑加仑草莓汁

原料 >

黑加仑 15 颗　　　　草莓 8 颗

作法 > ❶将黑加仑洗净；草莓洗净，去蒂。❷将黑加仑、草莓一起放入榨汁机中，榨取汁液后，倒入杯中饮用即可。

> ◎ **营养功效**
>
> ◎黑加仑含有维生素C、磷、镁、钾、钙、花青素，能保护牙齿、延缓衰老、补血补气。草莓含有果糖、果胶、胡萝卜素、维生素B₁、维生素B₂、烟酸、钙、镁、铁，能延缓衰老、排除毒素。此款果汁可延缓衰老、排毒瘦身。

白萝卜芹菜大蒜汁

原料 >

大蒜1瓣　　白萝卜1根　　芹菜1根

作法 > ❶大蒜去皮，洗净，切小丁；白萝卜洗净后去皮，切块；芹菜洗净，切小段备用。❷所有材料放入榨汁机中榨成汁，最后倒入杯中即可。

◎ 营养功效

◎白萝卜富含维生素C，而维生素C为抗氧化剂，能抑制黑色素合成，阻止脂肪氧化，防止脂肪沉积。大蒜有明显杀菌的功效。常饮此款果汁，能有效防癌抗癌、纤体瘦身。

草莓蜜桃汁

原料 >

草莓 4 颗

水蜜桃 1/2 个

苹果 1/2 个

作法 > ❶草莓、苹果洗净，草莓去蒂，苹果切块。❷把水蜜桃切半，去核，切小块。❸把所有材料放入榨汁机内，搅打均匀即可。

◎ 营养功效

◎草莓富含氨基酸、胡萝卜素、维生素B_1、维生素B_2、钙、钾、铁，能明目养肝，润肺生津，利尿消肿。水蜜桃含有丰富的粗纤维、钙、磷、胡萝卜素，能养阴生津，润肠止渴。此款果汁，可排毒养颜，纤体瘦身。

重要提示

制作此款果汁时，可根据个人口味加入汽水。

1

2

3

纤体瘦身蔬果汁荟萃

柠檬芹菜汁

原料：柠檬1个，芹菜100克，油菜80克，冰块少许

葡萄柚芹菜汁

原料：葡萄柚1个，包菜叶1片，芹菜1/3个，菠萝50克

双芹菠菜蔬菜汁

原料：芹菜100克，胡萝卜100克，西芹20克，菠菜80克

双味葡萄汁

原料：葡萄15颗，红葡萄酒50毫升，冷开水100毫升

黄瓜芹菜菠菜汁

原料：黄瓜1根，芹菜半根，菠菜100克

苹果芜菁柠檬汁

原料：苹果1个，芜菁100克，柠檬1个，冰块少许

胡萝卜木瓜苹果汁

原料：胡萝卜50克，木瓜1/4个，苹果1/4个，冰水300毫升

白梨苹果香蕉汁

原料：白梨1个，苹果1个，香蕉1根，冰块少许

胡萝卜山竹芹菜汁

原料：胡萝卜50克，山竹2个，柠檬1个，芹菜1棵

酸甜西红柿甘蔗汁

原料：西红柿200克，包菜100克，甘蔗汁1杯

山楂草莓汁

原料：山楂50克，草莓40克，柠檬1/3个，冷开水适量

萝卜芥菜柠檬汁

原料：柠檬1个，西芹50克，萝卜70克，芥菜80克

除皱祛斑

爱美之心人皆有之，拥有迷人白皙的面孔是每一个女人的梦想。但是，随着岁月的流逝，脸上总会有不同的变化。25岁以前，女人的美丽靠荷尔蒙，25岁以后，只有靠坚持不懈的保养。脸上的皱纹和色斑会影响美观，很多女性朋友都在为祛皱祛斑奋斗着，各种祛皱淡斑的化妆品，药物都用上，但效果甚微。

除了日常护肤外，平时多喝些富含维生素C、维生素E和β-胡萝卜素等含抗氧化物质的蔬果汁，能够防止和减少皱纹。多饮用富含有机酸、胡萝卜素、多种维生素的蔬果汁，对除皱祛斑有很好的效果。

具有除皱祛斑功效的水果有：苹果、水蜜桃、香蕉、西瓜、柠檬等。

具有除皱祛斑功效的蔬菜有：黄瓜、西蓝花、西红柿、红薯、山药等。

重要提示

先将南瓜去皮后再洗，这样洗得更干净。

▌南瓜柳橙汁

原料 >

南瓜 100 克

柳橙 1/2 个

作法 > ❶ 将南瓜洗净，去皮，入锅中蒸熟。❷ 柳橙去皮，切成小块。❸ 南瓜、柳橙倒入榨汁机榨成汁，最后倒入杯中即可饮用。

小常识 > 新鲜的南瓜外皮和质地很硬，用指甲掐果皮，不留指痕，表面比较粗糙，表皮颜色以色泽金黄微微泛红；切面紧致、有光泽，会散发出一种特殊的清香，瓜瓤完好；南瓜重量以拿起时有沉手感的较好。

◎ 营养功效

◎南瓜含有维生素C、钙、铁、磷等营养成分，可使大便通畅、肌肤丰满，有美容的功效。牛奶含有丰富的维生素C和维生素E，能防止细胞老化，防衰老。经常饮用此款果汁，能滋润肌肤，祛斑消肿。

重要提示
有腹痛、贫血、多痰症状者，不宜过多食用西柚。

重要提示
脚气、黄疸、便溏、寒性咳喘、病后、产后，均不宜多食哈密瓜。

▋西柚玉米柠檬汁

原料 >

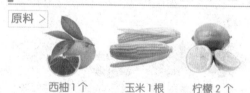

西柚1个　　玉米1根　　柠檬2个

作法 > ❶将西柚去皮，切块；玉米洗净，取玉米粒备用；柠檬洗净，去皮，切片。❷将所有原料放入榨汁机榨汁。❸最后将蔬果汁倒入杯中即可饮用。

◎ 营养功效

◎西柚含有膳食纤维、维生素B₂、维生素C、镁、铁、锌、钙，能清燥热，生津解渴，开胃消食。柠檬含有维生素C、维生素B₁、维生素B₂、钙、磷、铁，能生津解暑、开胃、延缓衰老。此款果汁，可排毒瘦身、美容养颜。

▋哈密瓜巧克力汁

原料 >

哈密瓜 200 克　　巧克力适量　　薄荷叶适量

作法 > ❶将哈密瓜去皮、瓤，切成均匀小块；巧克力切丝备用。❷将哈密瓜放入榨汁机中榨汁，倒入杯中。❸将巧克力丝洒在果汁上，用薄荷叶点缀即可。

◎ 营养功效

◎哈密瓜含有纤维素、苹果酸、果胶、维生素A、B族维生素、烟酸、钙、磷、铁，有利小便、止渴、除烦热、防暑气、美白护肤的功效。哈密瓜、巧克力合榨为汁，可延缓衰老、防暑养颜。

重要提示
葡萄多食易生内热，导致腹泻，建议适量。

重要提示
由于香蕉很容易搅打碎，所以制作过程中可以不切直接使用。

芹菜葡萄汁

原料 >

葡萄 100 克

芹菜适量

作法 > ❶将葡萄洗净，去蒂备用；芹菜摘净，切成小段。❷将所有原料放入榨汁机中榨汁即可。❸最后将蔬果汁倒入杯中。

◎ 营养功效

◎芹菜富含蛋白质、碳水化合物、胡萝卜素、B族维生素、钙、磷、铁、钠，能镇静安神、养血补虚。葡萄含有葡萄糖、钙、钾、磷、铁、维生素C、氨基酸，能抗毒杀菌、利尿消肿。此款果汁，可补血益气、改善肤质。

香蕉荔枝哈密瓜汁

原料 >

荔枝 5 颗

香蕉 2 根

哈密瓜 150 克

脱脂牛奶 200 毫升

作法 > ❶将香蕉去皮，切块；荔枝去皮、核，洗净；哈密瓜洗净，去皮，去瓤，切块备用。❷将所有材料放入搅拌机内搅打2分钟即可。

◎ 营养功效

◎香蕉能吸附体内毒素使之排出体外，有抑制黑色素形成的作用。哈密瓜含蛋白质、膳食纤维、胡萝卜素等，有消除皮肤色素沉积的功效。牛奶中含有的酵素，可以对皮肤产生美容效果。常饮此款果汁，能淡化色斑、延缓衰老。

重要提示
有急性肠炎，以及溃疡活动期患者，不宜食用西红柿。

重要提示
红薯应以外皮结实、表皮少皱纹，且无斑点、无腐烂的为佳。

西红柿甜椒蔬果汁

原料 >

西红柿 2 个　　甜椒 2 个　　　菠菜适量

作法 > ❶将西红柿去皮切碎，放入榨汁机中。❷将甜椒去核切碎，菠菜切碎，放入榨汁机中。❸榨取汁液，倒入杯中饮用。

◎ 营养功效

◎西红柿含有胡萝卜素、维生素E、钾、钙、镁，能防衰老、防癌、退高热。甜椒富含维生素A、胡萝卜素、维生素B₁、维生素B₂、维生素C，能提高免疫力、消炎止痛、抗癌抗瘤。此款果汁，可延缓衰老、美容养颜。

胡萝卜红薯汁

原料 >

胡萝卜70克

红薯1个　　核桃仁1克　　蜂蜜1小勺　　炒芝麻1小勺

作法 > ❶将胡萝卜洗净，去皮切成块；红薯洗净，去皮切小块，均用开水焯一下。❷将所有材料放入榨汁机，一起搅打成汁即可。

◎ 营养功效

◎红薯中的绿原酸，可抑制黑色素的形成，防止雀斑和老人斑出现。胡萝卜含有丰富的维生素A。维生素A有滑润、强健皮肤的作用，并可防治皮肤粗糙及雀斑。常饮这款蔬果汁，有淡化色斑的功效。

重要提示
要选果粒不易脱落、颜色深、果皮光滑、皮外有薄霜的葡萄。

重要提示
请注意，芦笋不宜存放太久，而且应低温避光保存。

猕猴桃苹果葡萄汁

原料 >

猕猴桃1个

葡萄50克 青苹果1个 桃子2个 薄荷叶2片 牛奶200毫升

作法 > ❶将猕猴桃去皮，挖出果肉；桃子、苹果去皮、核，切块；葡萄、薄荷叶洗净。❷将所有材料放入榨汁机榨汁，最后滤出果肉即可。

◎ 营养功效

◎猕猴桃富含维生素C和维生素E，有抗氧化的功效，能消除皱纹和面部细纹。桃子含有较高的糖分，能改善皮肤弹性，使皮肤红润。

葡萄芦笋苹果汁

原料 >

葡萄150克　　芦笋100克　　苹果1个

作法 > ❶将葡萄洗净，剥皮，去子；苹果去皮和核，切块；芦笋洗净，切段。❷将苹果、葡萄、芦笋放入榨汁机中，榨汁即可。

◎ 营养功效

◎葡萄的抗氧化能力强，有益气补血的功效，能防止衰老。苹果不仅能延缓衰老，还能改善肌肤干燥及其他肌肤问题。芦笋是低糖、低脂肪、高纤维的食物，有缓解衰老的功效。常饮用此款果汁，能美容养颜，提亮肤色。

重要提示
当天的桑葚最好不要放到第二天，因为很容易坏掉。

重要提示
削菠萝皮的时候最好戴手套，因为刺激性强。

▌桑葚汁

原料 >

桑葚 80 克

作法 > ❶将桑葚洗干净。❷将桑葚放入果汁机内榨成汁，过滤后将果汁倒入杯中即可。

▌胡萝卜木瓜菠萝饮

原料 >

胡萝卜 100 克　木瓜 100 克　菠萝 100 克

作法 > ❶菠萝去皮，切块，浸泡在盐水中；胡萝卜洗净，切块；木瓜去皮去瓤，切片。❷将胡萝卜、木瓜和菠萝放入榨汁机中榨成汁即可。

◎ 营养功效

◎桑葚能改善皮肤的血液供应，营养肌肤，还可以使皮肤白嫩，延缓衰老，除皱祛斑，是健体美颜，抗衰老的美味水果。

◎ 营养功效

◎胡萝卜中的胡萝卜素可清除导致衰老的自由基。这款蔬果汁，有滋润皮肤、除皱、增强皮肤弹性、抗衰老的功效，经常饮用，效果更佳。

重要提示

使用山药前，可以先用水焯一下，这样可以去除黏液。

重要提示

选购西蓝花时，以花茎脆嫩、花芽尚未开放的为佳。

山药冬瓜玉米汁

原料 >

山药 80 克

玉米 1 个　冬瓜 60 克

苹果 1/4 个

作法 > ❶将山药去皮，洗净切丁；苹果洗净去核，切丁；冬瓜去皮、子，洗净后切块；玉米洗净，取玉米粒。❷将所有材料放入榨汁机一起搅打成汁即可。

◎ 营养功效

◎山药有滋润肌肤、养颜的功效。冬瓜富含维生素C，能减少黑色素的形成。苹果含丰富的维生素C和锌，有助于增强机体的免疫力，提高抗病能力。常饮此款果汁，能延缓衰老，淡化色斑。

西蓝花荠菜奶昔

原料 >

西蓝花 150 克

荠菜 100 克

柠檬半个

鲜奶 240 毫升

作法 > ❶将西蓝花洗净，切块。❷将荠菜洗净，切小段；柠檬洗净，切片。❸将所有材料倒入榨汁机内，搅打2分钟即可。

◎ 营养功效

◎西蓝花的维生素C能减少黑色素的形成。柠檬中含有B族维生素、维生素C等，有抗氧化的作用，不仅能消除皮肤色素沉积，还能延缓衰老。此款果汁能改善肌肤、淡化色斑。

西瓜柳橙汁

原料 >

西瓜 200 克　　　柳橙 1 个

作法 > ❶把西瓜去皮，去子，切块状。❷柳橙用水洗净，去皮，榨成汁。❸把西瓜与柳橙汁放入果汁机中，搅打均匀即可。

⚘ 营养功效

◎柳橙味酸，可以滋润健胃。柳橙含有丰富的膳食纤维，维生素A、B族维生素、维生素C、磷、苹果酸等，柳橙中丰富的膳食纤维有除皱祛斑、美白护肤的功效。此款果汁非常适合女性朋友饮用。

1

2

3

重要提示
柳橙洗净后去皮，切成小块榨汁口感更佳。

除皱祛斑蔬果汁荟萃

猕猴桃薄荷汁

原料：猕猴桃 1 个，苹果半个，薄荷叶 2 片

南瓜胡萝卜橙子汁

原料：南瓜 100 克，胡萝卜 50 克，橙子 1 个，柠檬 1/8 个

南瓜牛奶

原料：南瓜 100 克，柳橙半个，牛奶 200 毫升

红豆香蕉酸奶

原料：小红豆 2 大匙，香蕉 1 根，酸奶 200 毫升，蜂蜜少许

苹果香蕉柠檬汁

原料：香蕉 1 根，苹果 1 个，柠檬半个，优酪乳 200 毫升

西红柿胡柚酸奶

原料：西红柿 200 克，胡柚 1 个，柠檬半个，酸奶 240 毫升

西红柿甘蔗汁

原料：西红柿 200 克，包菜 100 克，甘蔗汁 1 杯

西红柿苹果醋汁

原料：西红柿 1 个，西芹 15 克，苹果醋 1 大勺，蜂蜜 1 小勺

双西黄瓜汁

原料：西生菜 200 克，西蓝花 60 克，黄瓜 1 根

黄瓜水果汁

原料：黄瓜 250 克，苹果 200 克，柠檬半个，冰糖少许

黄瓜木瓜柠檬汁

原料：黄瓜 2 根，木瓜 400 克，柠檬半个

黄瓜苹果菠萝汁

原料：黄瓜半根，菠萝 1/4 个，苹果半个，柠檬 1/4 个

第六篇

特色蔬果汁，特效养生法

在中医养生理论中，我们日常生活中熟知的五种颜色(绿、红、黄、白、黑)，各入不同的脏腑，各有不同的作用。绿色养肝，红色补心，黄色益脾胃，白色润肺，黑色补肾。所以，巧妙发挥各种蔬菜水果的治病养生功效，科学搭配榨成蔬果汁，只要对症饮用，调理身体，或补益，或解毒，或滋养，无论日常小病或亚健康，还是顽固的慢性病，都可见效。蔬果汁堪称防病治病不用药的良方。

花果醋

玫瑰醋饮

原料 >

桃子1个　　醋200毫升　　玫瑰花20克

作法 > ❶将桃子洗净，去核，切成块状；将玫瑰花去梗，清洗干燥。❷将切好的桃子和玫瑰花、冰糖、醋一起放入瓶子中，封口。❸将其发酵2~4个月即可饮用，6个月以上效果更佳。

小常识 > 玫瑰与月季花花形花色接近，不同的是玫瑰的刺是针刺，是手取不下来的，而月季是棘刺，刺不仅是与表皮联系的，而且可以瓣下。

◎ 营养功效

◎《大明本草》中说，将桃晒成干（桃脯），经常服用，能够起到美容养颜的作用。

◎玫瑰花能调气血，调理女性生理问题，促进血液循环，美容、调经、利尿、缓和肠胃神经、防皱纹、防冻伤、养颜美容。玫瑰芳香怡人，有理气和血、舒肝解郁、降脂减肥、润肤养颜等作用，特别对妇女经痛、月经不调有神奇的功效。

◎玫瑰醋饮，是新一代美容茶，它对雀斑有明显的消除作用，同时还有养颜、消炎、润喉的特点。

甜菊醋饮

薰衣草醋饮

原料 >

甜菊15朵

白醋200毫升

作法 > ❶将甜菊洗净，干燥。❷将甜菊、白醋放入瓶中，封口。❸发酵8~10天即可饮用，15天效果最佳。

原料 >

薰衣草100克

柠檬1/4个

白醋300毫升　冰糖适量

作法 > ❶将薰衣草洗净，吹干；将柠檬洗净，切成薄片。❷将准备好的薰衣草、柠檬、白醋和冰糖一起放入瓶中，密封；发酵50~120天即可饮用。

◎ 营养功效

◎甜菊叶内含的甜菊素，正是拿来当作花草茶甘味料的最佳选择，甜度约是一般蔗糖的200倍，热量极低，易溶于水，也具耐热性，不会增加身体的热量及糖分的负担。经常饮用甜菊茶可消除疲劳，养阴生津，用于胃阴不足，口干口渴，亦用于原发性高血压、糖尿病、肥胖病和应限制食糖的病人。有一定降低血压作用，并可降低血糖。帮助消化，促进胰腺和脾胃功能；滋养肝脏，养精提神；调整血糖。
◎此款醋饮能够缓解疲劳，美容驻颜。

◎ 营养功效

◎薰衣草香气清新优雅，性质温和，是公认的最具有镇静、舒缓、催眠作用的植物。薰衣草能够提神醒脑，增强记忆，对学习有很大帮助；缓解神经，怡情养性，具有安神促睡眠的神奇功效；促进血液循环，可治疗青春痘，滋养秀发；调节生理机能；增强免疫力；维持呼吸道机能，对鼻喉黏膜炎有很好的疗效，还可用来泡澡。
◎此款醋饮能够怡神清心，促进血液循环。

洋甘菊醋饮

金钱薄荷醋饮

原料 >

洋甘菊6朵　　白醋200毫升　　蜂蜜适量

作法 > ①将洋甘菊洗净，用吹风机吹干。②将洋甘菊、蜂蜜和白醋一起放入瓶中，封口。③发酵10天即可饮用，时间越久，风味愈佳。

原料 >

金钱薄荷45克　白醋200毫升　饮用水100毫升　冰糖适量

作法 > ①将金钱薄荷洗净；将准备好的金钱薄荷、白醋、饮用水一起放入锅中煎煮。②先用大火煮沸，再转为文火，约15分钟即可。

◎ **营养功效**

◎洋甘菊味微苦、甘香，明目、退肝火，治疗失眠，降低血压，可增强活力、提神。

◎蜂蜜止咳，祛痰，可治疗支气管炎及气喘，可舒缓头痛、偏头痛或感冒引起的肌肉痛，对胃酸、神经痛有帮助；可治长期便秘、消除紧张，并可治疗焦虑和紧张造成的消化不良，且对失眠、神经痛及月经痛、肠胃炎都有所助益。

◎此款醋饮能够舒缓神经，缓解偏头痛。

◎ **营养功效**

◎薄荷的清凉香味能够消除身心疲劳，缓解压力。人体吸收钙质及铁质元素时均是以离子形式消化吸收的，胃作为一个重要的消化器官其实质就是利用胃酸的强腐蚀作用把食物腐熟分解，而胃酸的主要成分就是盐酸，它电离出氢离子帮助消化，而食醋也是一种酸，同样能电离出氢离子以帮助消化。用金钱薄荷做成的醋饮不仅能够缓解身心疲倦，还能够增加食欲，促进消化。

◎此款醋饮可使人消除疲劳。

菠萝醋汁

原料 >

菠萝4片　　　白醋400毫升　　　冰糖适量

作法 > ❶将菠萝洗净，切成薄片。❷将菠萝和冰糖以交错堆叠的方式放入玻璃器皿，再放入醋，密封。❸发酵50~120天即可饮用。

◎ 营养功效

◎菠萝醋能把血管内的脏东西清理掉，可帮助人体消化食物，抗炎，提高免疫力；还可促进血纤维蛋白分解，抗血小板凝集，能溶解血栓，使血流顺畅，抑制发炎及水肿；可用来舒缓一般疼痛和发炎，如用于减轻风湿性关节炎造成的不适症状。菠萝醋适合于关节炎或筋骨疼痛发炎者，可减缓发炎症状；喜好高蛋白饮食者或暴饮暴食导致消化不良、胃胀闷者饮用菠萝醋可助消化。

◎此款醋饮能够促进血液循环，预防关节炎。

猕猴桃醋汁

原料 >

猕猴桃6个　　白醋400毫升　　　冰糖适量

作法 > ❶将猕猴桃去皮，切成片状。❷将猕猴桃片和冰糖交叠着放入玻璃容器，再倒入醋，密封。❸发酵60~120天即可饮用。

◎ 营养功效

◎猕猴桃性味甘酸而寒，有解热、止渴、通淋、健胃的功效。猕猴桃果实含有碳水化合物，氨基酸，蛋白酶12种，维生素B_1、维生素C、胡萝卜素以及钙、磷、铁、钠、钾、镁、氯、色素等多种成分。其维生素C含量是等量柑橘中的5~6倍。猕猴桃醋对于抗老化、预防感冒、滋润皮肤、美白肤色、预防黑斑和雀斑，保健肠胃帮助消化有重要作用。

◎此款醋饮能够抗氧化，预防癌症。

蔬果蜂蜜汁

蜂蜜阳桃汁

原料 >

阳桃1个　　饮用水200毫升　　蜂蜜适量

作法 > ❶将阳桃洗净切片。❷将切好的阳桃和饮用水一起放入榨汁机榨汁。❸在榨好的果汁内放入适量蜂蜜搅拌均匀即可。

小常识> 挑选阳桃以果皮光亮，皮色黄中带绿、棱边青绿为佳。如棱边变黑，皮色接近橙黄，表示已熟多时；反之皮色太青的比较酸。

> ### ◎ 营养功效
>
> ◎阳桃中碳水化合物、维生素C及有机酸含量丰富，且果汁充沛，能迅速补充人体的水分，生津止渴，并使体内的热或酒毒随小便排出体外，消除疲劳感。阳桃果汁中含有大量草酸、柠檬酸、苹果酸等，能提高胃液的酸度，促进食物的消化。
> ◎蜂蜜具有护脾养胃、润肺补虚、和阴阳、调营卫之功效，长于补血，是调制中药的上等食材，也是妇女、儿童、老年人和体弱患者的理想饮品。
> ◎此款果汁能够增强抵抗力，预防和治疗咽炎。

哈密瓜蜂蜜汁

原料 >

哈密瓜200克　　　　蜂蜜适量

作法 > ❶将哈密瓜洗净去皮，切成块状。❷将哈密瓜和饮用水一起放入榨汁机榨汁。❸在榨好的果汁内加入适量蜂蜜搅拌均匀即可。

⑥ 营养功效

◎哈密瓜能够有效防止人被晒出斑来，因为哈密瓜所含成分有很好的抗氧化作用，这种抗氧化剂能够有效增强细胞抗防晒的能力，阻止黑色素暗沉。

◎在新鲜的哈密瓜瓜肉当中，含有非常丰富的维生素成分，能够促进内分泌和造血机能的发挥，从而加速消化的过程。

◎此款果汁能够放松身心，促进新陈代谢。

番茄蜂蜜汁

原料 >

番茄2个　　　饮用水200毫升　　　蜂蜜适量

作法 > ❶将番茄洗净，在沸水中浸泡10秒。❷剥去番茄的表皮并切成块状。❸将切好的番茄和饮用水一起放入榨汁机榨汁；❹在榨好的果汁内加入适量蜂蜜搅拌均匀即可。

⑥ 营养功效

◎番茄富含番茄红素，番茄红素能够有效地预防和治疗前列腺癌、乳腺癌、肺癌、胃癌等癌症。番茄的抗癌功效得归功于番茄红素很强的抗氧化性，其抗氧化能力是维生素E的100倍，β-胡萝卜素的两倍。番茄含有大量维生素C，而维生素C是目前治疗风寒感冒的主要成分。而且其富含有机酸，能帮助铁的吸收。

◎此款果汁能够增强免疫系统，预防癌症。

番石榴蜂蜜汁

香瓜生菜蜜汁

原料 >

番石榴2个　饮用水200毫升　蜂蜜适量

原料 >

香瓜半个　生菜2片　饮用水200毫升　蜂蜜适量

作法 > ❶将番石榴洗净，切成块状。❷将切好的番石榴和饮用水一起放入榨汁机榨汁。❸在榨好的果汁内加入适量蜂蜜搅拌均匀即可。

作法 > ❶将香瓜洗净，去皮去瓤，切成块状；将生菜洗净，切成块状。❷将切好的香瓜、生菜和饮用水一起放入榨汁机榨汁；在果汁内加入适量蜂蜜搅拌均匀。

◎ 营养功效

◎番石榴含有蛋白质，脂肪，碳水化合物，维生素A、B、C，钙、磷、铁，常吃能抗老化，排出体内毒素。蜂蜜含有多种营养成分，具有抗氧化、美容的功效。

◎此款果汁能够美容养颜，保养气色。

◎ 营养功效

◎生菜具有镇痛、催眠、辅助治疗神经衰弱、利尿、促进血液循环、抗病毒等功效。生菜还有解除油腻、降低胆固醇的功效。

◎此款果汁能够辅助治疗神经衰弱。

蔬果豆浆汁

黄瓜雪梨豆浆

原料 >

黄瓜1根

雪梨1个

豆浆200毫升

作法 > ❶将黄瓜洗净，切成块状。
❷将雪梨洗净去核，切成块状。❸将黄瓜、雪梨和豆浆一起放入榨汁机榨汁。

小常识> 饮用没有熟的豆浆对人体是有害的。预防豆浆中毒的办法就是将豆浆在100℃的高温下煮沸，破坏有害物质。

◎ 营养功效

◎黄瓜肉质脆嫩，能够清热解毒、生津止渴，是难得的排毒养颜食品。雪梨味甘性凉，有生津除烦、滋阴润肺、清热止咳和泻火化痰之功。

◎豆浆对增强体质大有好处，经常饮用豆浆能够润肺生津。

◎黄瓜雪梨豆浆清淡爽口，清热解渴，尤其适宜夏秋季节饮用。

大枣枸杞豆浆

原料 >

大枣6颗

枸杞8颗

豆浆200毫升

作法 > ❶将大枣和枸杞洗净，在水中泡半小时。❷将泡好的大枣、枸杞和豆浆一起放入榨汁机榨汁。

◎ 营养功效

◎大枣中所含的皂类物质，具有调节人体代谢、增强免疫力、抗炎、抗变态反应、降低血糖和胆固醇含量等作用。

◎枸杞具有滋补肝肾、养肝明目的功效。枸杞子亦为扶正固本、生精补髓、滋阴补肾、益气安神、强身健体、延缓衰老之良药，对慢性肝炎、中心性视网膜炎、视神经萎缩等疗效显著。枸杞对体外癌细胞有明显的抑制作用，可用于防止癌细胞的扩散和增强人体的免疫功能。

◎此款果汁能够益气补血，保养肝肾。

芝麻豆浆

原料 >

芝麻适量

豆浆200毫升

作法 > ❶将芝麻洗净炒熟，研末。❷将芝麻粉和豆浆放入榨汁机搅拌即可。

◎ 营养功效

◎芝麻中的亚油酸有调节胆固醇的作用。芝麻中含有丰富的维生素E，能防止过氧化脂质对皮肤的危害。芝麻还具有养血的功效，可以治疗皮肤干枯、粗糙，令皮肤细腻光滑、红润光泽。适宜肝肾不足所致的眩晕、眼花、视物不清、腰酸腿软、耳鸣耳聋、发枯发落、头发早白之人食用；适宜妇女产后乳汁缺乏者食用；适宜身体虚弱、贫血、高脂血症、高血压病、老年哮喘、肺结核，以及荨麻疹，习惯性便秘者食用。

◎此款豆浆能够延缓衰老，营养发质。

豆浆蔬果汁

猕猴桃绿茶豆浆

原料 >

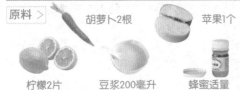

胡萝卜2根　　苹果1个

柠檬2片　　豆浆200毫升　　蜂蜜适量

作法 > ❶将胡萝卜、柠檬洗净去皮，切成块状；将苹果洗净去核，切成块状。❷将胡萝卜、苹果、柠檬和豆浆一起放入榨汁机榨汁；在榨好的果汁内加入适量蜂蜜搅拌均匀即可。

原料 >

猕猴桃1个　　绿茶粉1勺　　豆浆200毫升

作法 > ❶将猕猴桃去皮，切成块状。❷将切好的猕猴桃和绿茶粉、豆浆一起放入榨汁机榨汁。

◎ 营养功效

◎猕猴桃含有大量的果酸，可有效改善干性或油性肌肤组织。猕猴桃更是一种"美容圣果"，它不但具有祛除黄褐斑、排毒、美容、抗衰老的功效，而且还是减肥的好助手。猕猴桃当中维生素C含量惊人，多吃有助于肌肤美白。

◎绿茶粉可以用来做面膜、清洁皮肤、补水控油、淡化痘印、促进皮肤损伤恢复；同时对便秘、瘦身美体、减肥也有作用。绿茶粉也可以加入优酸乳、酸奶或苹果汁吃，对便秘、瘦身美体、减肥有促进作用。

◎此款豆浆能够抗氧化，美白肌肤。

◎ 营养功效

◎胡萝卜含有丰富的胡萝卜素及维生素，可以刺激皮肤的新陈代谢，增进血液循环，从而使肤色红润，对美容健肤有独到之效。

◎豆浆对于贫血病人的调养，比牛奶作用要强，以喝豆浆的方式补充植物蛋白，可以使人的抗病能力增强。

◎此款果汁能够补充营养，调养身体。

蔬果牛奶汁

木瓜芝麻牛奶汁

原料 >

木瓜半个　　牛奶200毫升　　芝麻适量

作法 > ❶将木瓜洗净去瓤，切成块状。❷将芝麻洗净炒熟，研末。❸将准备好的木瓜、牛奶和芝麻一起放入榨汁机榨汁。

小常识 > 木瓜适宜慢性萎缩性胃炎之人，胃痛口干、消化不良者食用；适宜产妇缺奶者食用；适宜胃肠平滑肌痉挛疼痛和四肢肌肉痉挛者食用。

◎ 营养功效

◎木瓜酵素中含丰富的丰胸激素和维生素A，能刺激女性荷尔蒙分泌，刺激卵巢分泌雌激素，使乳腺畅通，因此木瓜有丰胸作用。木瓜能够平肝和胃、舒筋活络、软化血管、抗菌消炎、抗衰老养颜、降低血脂、增强体质；对于女性，还有丰胸、白肤、瘦腿的作用。木瓜是一种营养丰富、有百益而无一害的果之珍品。

◎此款果汁能够丰胸美体，补益气色。

芦笋白芝麻牛奶汁

原料 >

芦笋4厘米长　　牛奶200毫升　　白芝麻适量

作法 > ❶将芦笋去皮洗净，切成块状。❷将白芝麻洗净炒熟，研末。❸将准备好的芦笋、白芝麻和牛奶一起放入榨汁机榨汁。

◎ 营养功效

◎白芝麻有补血明目、祛风润肠、生津通乳、益肝养发、强身体、抗衰老之功效。

◎亚健康的上班族，下班后往往也会心系工作，睡意全无，神经衰弱成为一种常态。放弃安眠药，来杯温牛奶，其中的维生素B_1对神经细胞十分有益，还有一种能够促进睡眠血清素合成的原料L色氨酸，由于它的作用，可产生具有调节作用的肽类，肽类有利于解除疲劳，帮助入睡。

◎此款果汁能够缓解精神疲劳，改善亚健康状态。

木瓜香蕉牛奶汁

原料 >

木瓜半个　　香蕉1根　　牛奶200毫升

作法 > ❶木瓜去皮，切成块状，香蕉去皮。❷将切好的木瓜和香蕉、牛奶一起放入榨汁机榨汁。

◎ 营养功效

◎木瓜自古就是第一丰胸佳果，木瓜中丰富的木瓜酶对乳腺发育很有助益，而木瓜酵素中含丰富的丰胸激素及维生素A等养分，能刺激卵巢分泌雌激素，使乳腺畅通，达到丰胸的目的。

◎香蕉含有大量糖类物质及其他营养成分，可充饥、补充营养及能量；香蕉性寒能清肠热，味甘能润肠通便，可治疗热病烦渴等症；香蕉能缓和胃酸的刺激，保护胃黏膜。

◎此款果汁能够增强肠道蠕动力，减肥塑身。

芝麻蜂蜜牛奶汁

圣女果红椒奶汁

原料 >

芝麻酱1勺　　柠檬1个　　牛奶200毫升　　蜂蜜适量

作法 > ❶将柠檬洗净，切成块状。❷将芝麻酱、柠檬和牛奶一起放入榨汁机榨汁。❸在榨好的果汁里调入蜂蜜。

原料 >

圣女果10个　　红椒1个　　牛奶200毫升

作法 > ❶将圣女果洗净，切成两半。❷将红椒洗净去子，切成丁。❸将准备好的圣女果、红椒和牛奶一起放入榨汁机榨汁。

⊙ 营养功效

◎芝麻所含的脂肪，大多数为不饱和脂肪酸，对老年人尤为重要。芝麻的抗衰老作用，还在于它含有丰富的维生素E，维生素E可以阻止体内产生过氧化脂质，从而维持细胞膜的完整和功能正常，并可防止体内其他成分受到脂质过氧化物的伤害。
◎蜂蜜可以营养心肌并改善心肌的代谢功能，使血红蛋白增加、心血管舒张，防止血液凝集，保证冠状血管的血液循环正常。
◎此款果汁能够补肝益肾，预防心血管疾病，美化肌肤。

⊙ 营养功效

◎圣女果中含有谷胱甘肽和番茄红素等特殊物质，可促进人体的生长发育，特别可促进小儿的生长发育，增加人体抵抗力，延缓人的衰老。圣女果对于癌症来说可以起到有效的治疗和预防。圣女果中烟酸的含量居果蔬之首，可保护皮肤，维护胃液正常分泌，促进红细胞的生成，对肝病也有辅助治疗作用。
◎此款果汁能够促进身体发育。

蜜桃牛奶汁

原料 >

蜜桃2个

牛奶200毫升

作法 > ❶将蜜桃洗净，切成块状。❷将切好的蜜桃和牛奶一起放入榨汁机榨汁。

◎ 营养功效

◎桃味甘酸，性微温，具有补气养血、养阴生津、止咳杀虫等功效。桃的药用价值，主要在于桃仁，桃仁中含有苦杏仁甙、脂肪油、挥发油、苦杏仁酶及维生素B_1等。《神农本草经》记载"桃核仁味苦、平。主治瘀血血闭，症瘕邪气，杀小虫"。桃对治疗肺病有独特功效，唐代名医孙思邈称桃为"肺之果，肺病宜食之"。桃中含铁量较高，在水果中几乎占居首位，故吃桃能防治贫血。桃富含果胶，经常食用可预防便秘。
◎此款果汁有利于肺部保养。

白菜牛奶汁

原料 >

白菜1片

牛奶200毫升

作法 > ❶将白菜洗净，切碎。❷将切好的白菜、牛奶一起放入榨汁机榨汁。

◎ 营养功效

◎秋冬季节空气特别干燥，寒风对人的皮肤伤害很大。白菜中含有丰富的维生素C、维生素E，多吃白菜，可以起到很好的护肤和养颜效果。白菜中有一些微量元素，它们能帮助分解同乳腺癌相关的雌激素。白菜中的纤维素不但能起到润肠、促进排毒的作用，还能促进人体对动物蛋白质的吸收。中医认为白菜微寒味甘，有养胃生津、除烦解渴、利尿通便、清热解毒之功。民间也常说：鱼生火，肉生痰，白菜豆腐保平安。
◎此款果汁能够预防乳腺癌。

蔬果粗粮汁

胡萝卜玉米枸杞汁

原料 >

胡萝卜半根 饮用水200毫升 玉米粒 枸杞适量

作法 > ❶将胡萝卜洗净，切成块状。❷将准备好的胡萝卜、玉米粒、枸杞和饮用水一起放入榨汁机榨汁。

小常识> 一般来说，健康的成年人每天吃20克左右的枸杞比较合适；如果想起到治疗的效果，每天最好吃30克左右，但也不要过量食用。

🥗 营养功效

◎胡萝卜素能防癌，一是它与糖蛋白合成有关，而糖蛋白又与正常生理机能有关，这样就使维生素A具有左右上皮细胞分化的能力，增强机体的免疫反应。二是对微粒体混合功能氧化酶具有抑制作用，从而阻断致癌活性产物的形成。
◎玉米含有多种营养物质，具有美容养颜、延缓衰老、降血压血脂、预防动脉硬化等功效，是不可多得的健康食品。
◎此款果汁能够增强视力，预防癌症。

红豆香蕉酸奶汁

原料 >

香蕉1根　　酸奶200毫升　　红豆适量

作法 > ❶将红豆提前浸泡3小时以上。❷剥去香蕉的皮和果肉上的果络，切成块状。❸将浸泡好的红豆和香蕉、酸奶一起放入榨汁机榨汁。

☺ 营养功效

◎红豆丰富的铁质能让人气色红润。红豆还有补血、促进血液循环、强化体力、增强抵抗力的效果。

◎酸牛奶富含大量的乳酸及有益于人体健康的活性乳酸菌。乳酸使乳蛋白质更加的细腻润滑，利于人体消化吸收利用，并能刺激胃肠蠕动，激活胃蛋白酶，增加消化机能，预防老年性便秘及提高人体对矿物质元素钙、磷、铁的吸收利用率。

◎此款果汁能够滋养秀发，排除体内毒素。

葡萄芝麻汁

原料 >

葡萄8颗　　饮用水200毫升　　芝麻适量

作法 > ❶将葡萄洗净去子，取出果肉。❷将芝麻炒熟，研末。❸将准备好的葡萄、芝麻和饮用水一起放入榨汁机榨汁。

☺ 营养功效

◎紫葡萄的皮内含有抗高血压的物质，葡萄汁能提高血浆里的维生素E及抗氧化剂的含量。

◎芝麻尤其是黑芝麻，有补血、祛风、润肠、生津、补肝肾、通乳、养发等功用，适用于身体虚弱、头发早白、贫血萎黄、津液不足、大便燥枯、头晕耳鸣等症。黑芝麻对慢性神经炎、末梢神经麻痹等症也有一定的疗效。

◎此款果汁能够抗氧化，滋养秀发。

香蕉麦片饮汁

原料 >

香蕉1根　　　饮用水200毫升　　　麦片适量

作法 > ❶剥去香蕉的皮和果肉上的果络，切成块状。❷将准备好的香蕉、麦片和饮用水一起放入榨汁机榨汁。

◎ 营养功效

◎麦片可以有效地降低人体中的胆固醇，经常食用，对脑血管病起到一定的预防作用；经常食用燕麦对糖尿病患者也有非常好的降糖、减肥功效；燕麦还可以改善血液循环，缓解生活工作带来的压力；燕麦含有的矿物质有预防骨质疏松、促进伤口愈合、防止贫血的功效；燕麦中含有极其丰富的亚油酸，对脂肪肝、糖尿病、浮肿、便秘等也有辅助疗效，对老年人增强体力，延年益寿也是大有裨益的。

◎此款果汁能够润肠通便，预防老年病。

低卡魔芋果汁

原料 >

山楂6颗　　　魔芋粉1勺　　　饮用水200毫升

作法 > ❶将山楂洗净去核。❷将切好的山楂和魔芋粉、饮用水一起放入榨汁机榨汁。

◎ 营养功效

◎山楂能够促进消食，能显著降低血清胆固醇及甘油三酯，有效防治动脉粥样硬化；山楂还能通过增强心肌收缩力、增加心排血量、扩张冠状动脉血管、增加冠脉血流量、降低心肌耗氧量等起到强心和预防心绞痛的作用。

◎魔芋含有16种氨基酸，10种矿物质微量元素和丰富的食物纤维，对于防治结肠癌、乳腺癌有特效；魔芋低热、低脂、低糖，对于肥胖症、高血压、糖尿病的人群来说是理想食品。

◎此款果汁能够控制脂肪摄入，增强免疫力。

黑豆黑芝麻养生汁

原料 >

黑芝麻1勺　饮用水200毫升　黑豆　红糖适量

作法 > ❶将黑豆洗净煮熟。❷将煮熟的黑豆和黑芝麻、饮用水一起放入榨汁机榨汁。❸在榨好的果汁内加入适量红糖搅拌均匀即可。

⬡ 营养功效

◎黑芝麻含蛋白质、脂肪、维生素E、维生素B_1、维生素B_2、多种氨基酸及钙、磷、铁等微量元素，有延缓衰老的作用。

◎黑豆中微量元素如锌、铜、镁、钼、硒、氟等的含量都很高，而这些微量元素对延缓人体衰老、降低血液黏稠度等非常重要。黑豆皮含有花青素，花青素是很好的抗氧化剂，能清除体内自由基，尤其是在胃的酸性环境下，抗氧化效果好，养颜美容，增加肠胃蠕动。

◎此款果汁能够活血解毒，增加肠胃蠕动，美容养发。

红豆优酸乳

原料 >

香蕉1根　酸奶200毫升　红豆　蜂蜜适量

作法 > ❶剥去香蕉的皮和果肉上的果络，切成块状。❷将红豆洗净煮熟。❸将准备好的红豆、香蕉和酸奶一起放入榨汁机榨汁；在榨好的果汁内加入适量蜂蜜搅拌均匀。

⬡ 营养功效

◎红豆是非常适合女性的食物，其铁质含量相当丰富，具有很好的补血功能。红豆能够利水除湿，和血排脓，消肿解毒，调经通乳，退黄。主治水肿脚气、疮肿恶血不尽、产后恶露不净、乳汁不通。

◎酸奶既能保证人体钙质的需求，又可健肠胃，调节人体代谢，提高人体的抗病能力，使人健康长寿。

◎此款果汁能够益气生津，保护肠胃。

苦瓜绿豆汁

原料 >

苦瓜6厘米长　　　绿豆适量　　　饮用水200毫升

作法 > ❶将苦瓜洗净去瓤，切成丁。❷将绿豆洗净浸泡3小时以上。❸将切好的苦瓜、泡好的绿豆和饮用水一起放入榨汁机榨汁。

小常识> 常食绿豆，对高血压、动脉硬化、糖尿病、肾炎有较好的治疗辅助作用。

◎ 营养功效

◎苦瓜性寒味苦，有去除邪热、清心明目、补肝益肝的功效。苦瓜清爽的口味不仅能够增强食欲，还能够有效预防脂肪肝。

◎绿豆有解毒作用，如遇有机磷农药中毒、铅中毒、酒精中毒（醉酒）或吃错药等情况，在医院抢救前都可以先灌下一碗绿豆汤进行紧急处理。在有毒环境下工作或接触有毒物质的人，应经常食用绿豆来解毒保健。食用绿豆可以补充营养，增强体力。

◎此款果汁能够消暑益气，解酒护肝。

香瓜豆奶汁

原料 >

香瓜3片

豆奶200毫升

作法 > ❶将香瓜洗净去皮，切成块状。❷将切好的香瓜和豆奶一起放入榨汁机榨汁。

🏠 营养功效

◎豆奶中的大豆蛋白是优质的植物蛋白，能提供人体无法自己合成、必须从饮食中吸收的9种氨基酸。大豆蛋白还能提高脂肪的燃烧率，促使过剩的胆固醇排泄出去，使血液中胆固醇含量保持在低水平，从而柔软血管，稳定血压，防止肥胖。它有强大的抗氧化作用，能抑制色斑的生成，还能促进脂肪代谢，防止脂肪聚集。豆奶中的卵磷脂对细胞的正常活动非常重要，它能促进新陈代谢，防止细胞老化，让身体保持年轻，还防止色斑和暗沉。

◎此款果汁能抗氧化，使人保持年轻态。

香瓜蔬果汁

原料 >

香瓜3片

生菜2片

饮用水200毫升

作法 > ❶将香瓜洗净去皮，切成块状。❷将生菜洗净切碎。❸将切好的香瓜、生菜和饮用水一起放入榨汁机榨汁。

🏠 营养功效

◎香瓜含碳水化合物及柠檬酸等，可生津解渴、消烦除燥；香瓜蒂中含有葫芦素B，它能够提高慢性肝炎患者的非特异性细胞免疫力，无明显毒副作用。

◎生菜的纤维和维生素C比白菜多，常吃生菜有消除多余脂肪的作用。生菜榨汁能够直接吸收其营养，能够畅清肠道，抑制脂肪摄入。

◎此款果汁能够健胃清肠，预防肾结石。

雪梨香瓜汁

原料 >

雪梨1个　　香瓜2片　　生菜1片　　饮用水200毫升

作法 > ❶将雪梨洗净去核，切成块状；将香瓜去皮，切成块状；将生菜洗净撕碎。❷将准备好的雪梨、香瓜、生菜和饮用水一起放入榨汁机榨汁。

⊙ 营养功效

◎梨有百果之宗的声誉，梨鲜甜可口、香脆多汁，是一种许多人喜爱的水果。患有维生素缺乏的人也应该多吃梨。因贫血而显得苍白的人，多吃梨可以让你脸色红润。吃梨还对肠炎、甲状腺肿大、便秘、厌食、消化不良、贫血、尿道红肿、尿道结石、痛风、缺乏维生素A引起的疾病有一定疗效。

◎此款果汁能够降低胆固醇，畅清血脂。

芹菜菠萝汁

原料 >

芹菜1根　　菠萝2片　　饮用水200毫升

作法 > ❶将芹菜、菠萝洗净，切成块状。❷将切好的芹菜、菠萝和饮用水一起放入榨汁机榨汁。

⊙ 营养功效

◎芹菜含有的碱性物质，对于降低血压有一定功效。菠萝治疗喉部疾病的效果也很好。因为菠萝中的蛋白水解酶，能促进蛋白质分解成氨基酸，供人体吸收。如果将这种酶与咽喉部接触时，能将不健康的组织及细胞溶解、消化，并清除掉。因此，菠萝对化脓性扁桃体炎或扁桃体周围脓肿都有疗效。此款果汁能够降低血压，安神保健。

菠菜桂圆汁

原料 >

菠菜1棵

桂圆8颗

饮用水200毫升

作法 > ❶将菠菜洗净，切成段。❷将桂圆去壳去核，取出果肉。❸将准备好的菠菜、桂肉和饮用水一起放入榨汁机榨汁。

◎ 营养功效

◎桂圆含葡萄糖、蔗糖、维生素A、维生素B等多种营养素，其中含有较多的蛋白质、脂肪和多种矿物质。这些营养素对人体都是十分必需的。特别对于劳心之人，耗伤心脾气血，更为有效。桂圆可治疗病后体弱或脑力衰退。妇女在产后调补也很适宜。李时珍在《本草纲目》中记载："食品以荔枝为贵，而资益则龙眼为良。"对桂圆十分推崇。
◎此款果汁能够补养气血。

菠菜苦瓜西蓝花汁

原料 >

菠菜2棵

苦瓜6厘米

西蓝花2朵

饮用水200毫升

作法 > ❶将菠菜洗净，切成段。❷将苦瓜洗净去瓤，切成丁。❸将西蓝花洗净在沸水中焯一下，切小块。❹将切好的菠菜、苦瓜、西蓝花和饮用水一起放入榨汁机榨汁。

◎ 营养功效

◎苦瓜中的苦瓜皂苷有非常明显的降血糖作用，不仅有类胰岛素样作用，堪称"植物胰岛素"，而且有刺激胰岛素释放的功能。用苦瓜皂苷制剂给Ⅱ型糖尿病患者口服治疗，其降血糖总有效率可达到78.3%。
◎此款果汁能够辅助治疗糖尿病，对癌细胞的扩张有抑制作用。

黄瓜芹菜汁

原料 >

黄瓜1根　　　芹菜半根　　　饮用水200毫升

作法 > ❶将黄瓜洗净，切成块状。❷将芹菜洗净，切成段。❸将切好的黄瓜、芹菜和饮用水一起放入榨汁机榨汁。

◎ 营养功效

◎黄瓜汁能调节血压，预防心肌过度紧张和动脉粥样硬化。黄瓜汁还可使神经系统镇静和强健，能增强记忆力。黄瓜汁对牙龈损坏及对牙周病的防治也有一定的功效。黄瓜青皮中含有绿原酸和咖啡酸，这些成分能抗菌消炎、加强白细胞的吞噬能力。因此，经常食用带皮黄瓜对预防上呼吸道感染有一定疗效。

◎此款果汁具有消炎抗菌的功效。

黄瓜圆白菜汁

原料 >

黄瓜1根　　　圆白菜1片　　　饮用水200毫升

作法 > ❶将黄瓜洗净，切成丁。❷将圆白菜洗净，切碎。❸将切好的黄瓜、圆白菜和饮用水一起放入榨汁机榨汁。

◎ 营养功效

◎圆白菜中含有丰富的抗癌物质，还含有丰富的萝卜硫素，能刺激人体细胞产生对身体有益的酶，进而形成一层对抗外来致癌物侵蚀的保护膜。萝卜硫素是迄今为止所发现的蔬菜中最强的抗癌成分。

◎黄瓜性味甘、寒，含有粗纤维、维生素E、胡芦C、绿原素等，有清热利水、解毒消炎、润肠通便、美容之功效。

◎此款果汁能够消除体内炎症，防癌抗癌。

猕猴桃苹果土豆汁

芦荟苦瓜汁

原料 >

猕猴桃1个　　苹果1个　　土豆半个　　饮用水200毫升

作法 > ❶将猕猴桃去皮，切块；将苹果洗净去核，切块；将土豆洗净去皮，切块；放入沸水中煮熟。❷将准备好的猕猴桃、苹果、土豆和饮用水一起放入榨汁机榨汁。

原料 >

芦荟4厘米长　　苦瓜6厘米长　　饮用水200毫升

作法 > ❶将芦荟洗净去皮，切成丁。❷将苦瓜洗净去瓤，切成块状。❸将准备好的芦荟、苦瓜一起放入榨汁机榨汁。

⬠ 营养功效

◎土豆含有维生素C。生活在现代社会的上班族，最容易受到抑郁、灰心丧气、不安等负面情绪的困扰。食物则可以影响人的情绪，土豆就是个好的选择。土豆含有矿物质和营养元素能够作用于人体，改善精神状态。土豆可以在提供营养的前提下，代替由于过多食用肉类而引起的食物酸碱度失衡。

◎此款果汁能够平衡身体所需营养物质。

⬠ 营养功效

◎芦荟中有不少成分对人体皮肤有良好的营养滋润作用，且刺激性少，用后舒适，对皮肤粗糙、面部皱纹、疤痕、雀斑、痤疮等均有一定疗效。芦荟叶含芦荟大黄素、异芦荟大黄素及芦荟苦味素等，药理实验有泻下、抗癌作用。芦荟花性寒，味苦涩，有清热、止咳、止血功效，可治疗咳嗽、吐血。

◎此款果汁能够消炎杀菌，对抗过敏。

白色蔬果汁

荔枝番石榴汁

原料 >

荔枝6颗

番石榴1个

饮用水200毫升

作法 > ❶将荔枝去壳去核，取出果肉。❷番石榴洗净，切成块状。❸将准备好的荔枝、番石榴和饮用水一起放入榨汁机榨汁。

小常识 > 喜欢吃荔枝但又怕燥热的人，在吃荔枝的同时，可多喝盐水，也可用20~30克生地煲瘦肉或猪骨汤喝，或与蜜枣一起煲水喝，都可预防上火。

◎ 营养功效

◎番石榴果皮薄，黄绿色，果肉厚，清甜脆爽，果实营养丰富，含较高的维生素、纤维质、矿物质等微量元素。另外果实也富含蛋白质和脂质。番石榴营养价值高，以维生素C而言，比柑橘多八倍，比香蕉、木瓜、番茄、西瓜、凤梨等多数十倍，铁、钙、磷含量也丰富，种子中铁的含量更胜于其他水果，所以最好能一起食下去。

◎此款果汁能够消炎镇痛，调理气色。

荔枝柠檬汁

原料 >

荔枝10颗

柠檬2片

饮用水200毫升

作法 > ❶将荔枝去壳去核，取出果肉。❷将柠檬洗净，切成块状。❸将准备的荔枝、柠檬和饮用水一起放入榨汁机榨汁。

◎ 营养功效

◎荔枝的果肉具有补脾益肝、理气补血的功效；核具有理气、散结、止痛的功效。

◎柠檬含有丰富的维生素C，具有抗菌、提高免疫力的功效。除了抗菌及提升免疫力，柠檬还有开胃消食、生津止渴及解暑的功效。此外，柠檬也能祛痰，将柠檬汁加温开水和盐，饮之可将喉咙里积聚的浓痰顺利咳出。感冒初起时，不妨用柠檬加蜜糖冲水饮，可以缓解咽喉痛、减少喉咙干等不适。

◎此款果汁能够清热化痰，消炎杀菌。

雪梨菠萝汁

原料 >

雪梨1个

菠萝1片

饮用水200毫升

作法 > ❶将雪梨洗净去核，切成块状。❷将菠萝洗净，切成块状。❸将切好的雪梨、菠萝一起放入榨汁机榨汁。

◎ 营养功效

◎雪梨的维生素C有温和的清洁与解毒功效，并对皮肤有保湿和修复作用，尤其适合易过敏及被晒皮肤。

◎梨是一种低热量而高营养的水果，并且富含维生素C。另外，梨含有丰富的纤维，可以帮助肠胃减少对脂肪的吸收，从而起到减肥的作用。

◎菠萝含有丰富的维生素C，能够起到抗氧化、美白肌肤的作用。

◎此款果汁能够瘦身养颜，美白肌肤。

清爽芦荟汁

原料 >

芦荟12厘米长

饮用水200毫升

作法 > ❶将芦荟洗净，放在热水中焯一下。❷将焯过的芦荟切成块状。❸将切好的芦荟放入榨汁机榨汁。

◎ 营养功效

◎芦荟有显著的噬菌作用。机体的免疫系统通过噬菌作用将体内的细菌、感染物和细胞死亡后的残骸清除出去。一方面，免疫刺激剂具有噬菌作用，另一方面体内的解毒和清洁功能也具有噬菌作用。对于机体来说，体内被细菌感染并死掉的细胞对机体也是有害的，这些死亡的细胞和它体内的毒素就要通过噬菌作用清除出体内。因此，增强噬菌作用就是增强了体内解毒和清洁功能。

◎此款果汁能够清体润肤，排毒养颜。

雪梨菠萝汁

原料 >

香蕉2根

饮用水200毫升

作法 > ❶剥去香蕉的皮，切成块状。❷将切好的香蕉放入榨汁机榨汁。

◎ 营养功效

◎近代医学认为，用香蕉可治高血压，因它含钾量丰富，可平衡钠的不良作用，并促进细胞及组织生长。用香蕉可治疗便秘，因它能促进肠胃蠕动。用香蕉还可治抑郁和情绪不安，因它能促进大脑分泌内啡肽化学物质。

◎此款果汁能够缓解情绪，有效预防情绪感冒。

芝麻油梨果汁

生姜汁

原料 >

油梨1个

饮用水200毫升

芝麻适量

作法 > ❶将油梨洗净去核，取出果肉。❷将准备好的油梨、芝麻和饮用水一起放入榨汁机榨汁。

原料 >

生姜4片（2厘米厚）

饮用水200毫升

蜂蜜适量

作法 > ❶将生姜去皮，切成块状。❷将切好的生姜和饮用水一起放入榨汁机榨汁。❸在榨好的果汁内放入适量蜂蜜即可。

◎ 营养功效

◎日本的一项研究发现，油梨中有5种成分可以减轻慢性肝炎症状。这次研究使用22种水果和蔬菜进行了试验，在用油梨中的成分对患肝炎的白鼠进行试验后发现，白鼠肝脏细胞中的坏死现象有明显缓解。油梨中富含铁，常吃可以预防贫血。

◎此款果汁有利于肝脏健康，并能防治贫血。

◎ 营养功效

◎无论是蒸鱼做菜，还是作为调味作料，生姜绝对是桌上不可或缺的一味食材，其辛辣滋味可去鱼腥、除膻味，菜汤加姜还可以祛寒和中。有民谚"饭不香，吃生姜"，就是说，当吃饭不香或饭量减少时吃上几片姜或者在菜里放上一点姜，能够改善食欲，增加饭量。胃溃疡、虚寒性胃炎、肠炎以及风寒感冒也可服生姜以散寒发汗、温胃止吐、杀菌镇痛。

◎此款果汁能够改善食欲。

苹果汁

原料 >

苹果2个

饮用水200毫升

作法 > ❶将苹果洗净，去核，切成块状。❷将切好的苹果和饮用水一起放入榨汁机榨汁。

☺ 营养功效

◎在民间利用熟苹果治疗腹泻非常普遍。因为苹果中富含的果胶，是一种能够溶于水的膳食纤维，不能被人体消化。果胶能在肠内吸附水分，使粪便变得柔软而容易排出。其实果胶还具有降低血浆胆固醇水平、刺激肠内益生菌群的生长、消炎和刺激免疫的机能。另外，熟苹果所含的碘是香蕉的8倍，因此熟苹果也是防治大脖子病的最佳水果之一。苹果在体内能够起到中和酸碱度的作用，从而增强免疫力。

◎此款果汁能够降低胆固醇、提高免疫力。

莲藕汁

原料 >

莲藕6厘米长

饮用水200毫升

作法 > ❶将莲藕洗净去皮，切成丁。❷将切好的莲藕和饮用水一起放入榨汁机榨汁。

☺ 营养功效

◎中医认为，生藕性寒，甘凉入胃，可消瘀凉血、清烦热、止呕渴。适用于烦渴、酒醉、咳血、吐血等症。熟藕，其性也由凉变温，有养胃滋阴、健脾益气的功效，是一种很好的食补佳品。在平时食用藕时，人们往往除去藕节不用，其实藕节是一味止血良药，专治各种出血如吐血、咳血、尿血、便血、子宫出血等症。民间常用藕节六七个，捣碎加适量红糖煎服，用于止血，疗效甚佳。此款果汁能够预防和治疗吐血、咯血症状。

莲藕橙汁

原料 >

莲藕6厘米长

橙子1个

饮用水200毫升

作法 > ❶将莲藕洗净去皮，切成块状。❷将橙子去皮，切成块状。❸将准备好的莲藕、橙子和饮用水一起放入榨汁机榨汁。

⬆ 营养功效

◎藕含丰富的单宁酸，具有收敛性和收缩血管的功能。生食鲜藕或挤汁饮用，对咳血、尿血等症状起辅助治疗作用。莲藕还含有丰富的食物纤维，可治疗便秘。生藕500克连皮捣汁加白糖100克，搅匀成汁，随开水冲服，对治疗胃溃疡出血有较好的疗效。

◎此款果汁能够缓解紧张情绪。

柚子柠檬汁

原料 >

柚子4片

柠檬1个

饮用水200毫升

作法 > ❶将柚子去皮去子，切成块状。❷将柠檬去皮，切成块状。❸将准备好的柚子、柠檬和饮用水一起放入榨汁机榨汁。

⬆ 营养功效

◎柠檬富含维生素C、柠檬酸、苹果酸、高量钠元素和低量钾元素，对人体十分有益。除了减肥去痘痘以外，对支气管炎、鼻炎、咽炎、泌尿系统感染、结膜炎等都有很好的治疗作用。柠檬的热量低，具有很强的收缩性，因此有利于减少脂肪，是减肥良药。

◎此款果汁能够清除痘印，消除多余脂肪。

紫色蔬果汁

樱桃芹菜汁

原料 >

樱桃10颗

芹菜半根

饮用水200毫升

作法 > ❶将樱桃洗净去核，取出果肉；将芹菜洗净，切成块状。❷将准备好的樱桃、芹菜和饮用水一起放入榨汁机榨汁。

小常识> 樱桃保存时最好保持在零下1℃的冷藏条件下；樱桃属浆果类，很容易损坏，所以一定要注意轻拿轻放；由于樱桃中含有一定量的氰苷，若食用过多会引起铁中毒或氰化物中毒，因此，不宜一次食用太多。若有轻度不适可用甘蔗汁来清热解毒。

◎ 营养功效

○樱桃营养丰富，所含蛋白质、糖、磷、胡萝卜素、维生素C等均比苹果、梨高，能够美白又祛斑。樱桃不仅营养丰富，酸甜可口，而且医疗保健价值颇高。

○芹菜中含有丰富的纤维，可以过滤人体内的废物，刺激身体排毒，有效对付由于身体毒素累积所造成的体表皮损，从而起到对抗痤疮的作用。芹菜清爽可口，味道清香鲜美，与肉类烹调可以提升鲜味。芹菜还有减肥作用，能帮助脂肪燃烧，并且能够细致皮肤。

○此款果汁能够生津止渴，补益气血。

葡萄柳橙汁

原料 >

葡萄10颗

柳橙半个

饮用水200毫升

作法 > ❶将葡萄洗净去皮去子，取出果肉。❷将柳橙去皮，切成块状。❸将准备好的葡萄、柳橙和饮用水一起放入榨汁机榨汁。

ⓛ 营养功效

◎葡萄含铁丰富，非常适宜贫血的女性食用。葡萄中富含维生素、矿物质、氨基酸，是体虚贫血者的佳品。身体虚弱、营养不良的人，多吃些葡萄有助于恢复健康。柳橙富含维生素、矿物质，为身体补充多种维生素。葡萄和柳橙相搭配，不仅有补益气血的功效，还能够及时补充维生素，增强抗病能力。

◎此款果汁可补益气血。

火龙果菠萝汁

原料 >

火龙果1个

菠萝2片

饮用水200毫升

作法 > ❶将火龙果去皮，将果肉切成块状。❷将菠萝洗净，切成块状。❸将切好的火龙果、菠萝和饮用水一起放入榨汁机榨汁。

ⓛ 营养功效

◎火龙果有预防便秘，促进眼睛健康，降低胆固醇，美白皮肤防黑斑的功效。

◎菠萝富含维生素B_1，能促进新陈代谢，消除疲劳感，丰富的膳食纤维，还有助于消化。菠萝的酵素可以养颜美容。

红色蔬果汁

番茄柠檬汁

原料 >

番茄1个　　柠檬2片　　饮用水200毫升

作法 > ❶将番茄洗净在沸水中浸泡10秒；剥去番茄的表皮并切成块状；将柠檬洗净切成块。❷将准备好的番茄、柠檬和饮用水一起放入榨汁机榨汁。

小常识 > 孕妇不要吃未成熟的番茄，因为青色的番茄含有大量的有毒番茄碱，食用后会出现恶心、呕吐、全身乏力等中毒症状，对胎儿的发育有害。轻度不适可用甘蔗汁来清热解毒。

⊙ 营养功效

◎番茄具有抗衰老、延年益寿的功效，这主要是因为它富含番茄红素。番茄红素对于心血管疾病的预防有着不错的功效。研究者发现，在动脉粥样硬化的发生和发展过程中，血管内膜中的脂蛋白氧化是极为重要的因素。而番茄红素则在降低脂蛋白氧化中发挥着极为重要的作用。

◎柠檬丰富的维生素C，配以番茄的番茄红素，不仅能够延缓衰老，预防心血管疾病，还可以赶走不良情绪。

◎此款果汁可有效预防心血管疾病。

草莓柳橙菠萝汁

原料 >

草莓8颗

柳橙半个

菠萝2片

饮用水200毫升

作法 > ❶将草莓去蒂洗净，切成块状。❷将柳橙去皮，分开。❸将菠萝洗净，切成块状。❹将准备好的草莓、柳橙、菠萝和饮用水一起放入榨汁机榨汁。

◎ 营养功效

◎菠萝属于热带水果，其丰富的维生素不仅能淡化面部色斑，使皮肤润泽、透明，还能有效去除角质，使皮肤呈现健康状态。

◎在洗澡水中加入少许菠萝汁更能滋润肌肤，尤其适用于皮肤粗糙的人。

◎另外，菠萝中还含有一种叫菠萝蛋白酶的物质，它能有效去除牙齿表面的污垢，令你的牙齿洁白如玉。

◎此款果汁能够调理情绪，美颜瘦身。

西瓜草莓汁

原料 >

西瓜2片

草莓10颗

饮用水100毫升

作法 > ❶将西瓜去皮去子，切成块状；将草莓洗净去蒂，切成块状。❷将准备好的西瓜、草莓和饮用水一起放入榨汁机榨汁。

◎ 营养功效

◎西瓜含有丰富的L-瓜氨酸，能控制血压。L-瓜氨酸进入体内会转换为另一种氨基酸——L-精氨酸。高血压和动脉硬化患者，尤其是老年人和患有Ⅱ型糖尿病等慢性疾病的人都会体验到无论是合成或天然形式的L-瓜氨酸的神奇疗效。

◎草莓中所含的植物营养素（尤其是花青素和鞣花酸）具有抗氧化和抗炎的功效。

◎此款果汁能够消暑去燥，保持肌肤水嫩。

草莓甜椒圣女果汁

南瓜核桃汁

原料 >

草莓6颗　　甜椒1个　　圣女果4个　饮用水200毫升

作法 > ❶将草莓洗净去蒂，切成块状；将甜椒洗净去子，切成块状；将圣女果洗净，切成两半。❷将准备好的草莓、甜椒、圣女果和饮用水一起放入榨汁机榨汁。

原料 >

南瓜4片　　饮用水200毫升　　核桃仁适量

作法 > ❶将南瓜洗净去皮，切成块状。❷将切好的南瓜放入锅内蒸熟。❸将蒸好的南瓜和核桃仁、饮用水一起放入榨汁机榨汁。

◎ 营养功效

◎圣女果中的番茄红素不仅保护人体细胞，还能与草莓中的活性剂结合，有效抵抗致癌物质。甜椒是非常适合生吃的蔬菜，含丰富的维生素C和B族维生素及胡萝卜素，可抗白内障、心脏病和癌症。三者混合制成的饮料不仅有很强的抗氧化功效，还能预防和治疗癌症。

◎ 营养功效

◎核桃不仅是最好的健脑食物，而且是神经衰弱的治疗剂。患有头晕、失眠、心悸、健忘、食欲不振、腰膝酸软、全身无力等症状的老年人，每天早晚各吃1~2个核桃仁，即可起到滋补治疗作用。
◎此款果汁尤其适于体能下降的老年人。

黑色蔬果汁

红豆乌梅核桃汁

原料 >

 无核乌梅6颗

 饮用水200毫升　　 红豆适量　　 核桃粉适量

作法 > ❶将红豆洗净，浸泡3小时以上。❷将准备好的乌梅、红豆、核桃粉和饮用水一起放入榨汁机榨汁。

小常识 > 好的乌梅乌黑油亮，表面挂有白霜，酸甜适口。所有产地中以新疆乌梅质量较好。

◎ 营养功效

◎乌梅中所含的柠檬酸，在体内能量转换中可使葡萄糖的效力增加10倍，以释放更多的能量消除疲劳；乌梅还有抗辐射作用；乌梅能使唾液腺分泌更多的腮腺激素，腮腺激素有使血管及全身组织年轻化的作用；乌梅并能促进皮肤细胞新陈代谢，有美肌美发效果。

◎红豆有补血、利尿、消肿、促进心脏活化等功效。另外其纤维有助排泄体内盐分、脂肪等废物，在瘦腿方面有很大效果。

◎核桃中含有大量脂肪和蛋白质，而且这种脂肪和蛋白质极易被人体吸收。经常吃些核桃，既能强壮身体，又能赶走疾病的困扰。

◎此款果汁能够护肝利胆，健脑。

猕猴桃桑葚果汁

芹菜桑葚大枣汁

原料 >

猕猴桃2个　　桑葚8颗　　饮用水200毫升

作法 > ❶将猕猴桃去皮，切成块状。❷将桑葚去蒂洗净。❸将准备好的猕猴桃、桑葚和饮用水一起放入榨汁机榨汁。

原料 >

芹菜1棵　桑葚6颗　大枣4个　饮用水200毫升

作法 > ❶将芹菜洗净切成块状；将桑葚去蒂洗净；将买来的无核枣切成块状。❷将准备好的芹菜、桑葚、大枣和饮用水一起放入榨汁机榨汁。

◎ 营养功效

◎猕猴桃中含有的血清促进素具有稳定情绪、镇静心情的作用；天然肌醇，有助于脑部活动，能帮助忧郁之人走出情绪低谷。

◎在世界长寿之乡黑海之滨的亚沙巴赞山区，人们大多能活到140岁以上，而且精力旺盛，健壮如牛，其中一条很重要的奥秘，就是生活在这里的人每天早、中、晚都要喝上两碗桑葚汁。可见，桑葚对于人类的强身健体，延年益寿有很大关系。

◎此款果汁能够促进血液循环，延缓衰老。

◎ 营养功效

◎桑葚有改善皮肤血液供应、营养肌肤、使皮肤白嫩及乌发等作用，并能延缓衰老。桑葚是中老年人健体美颜、抗衰老的佳果与良药。常食桑葚可以促进血红细胞的生长，防止白细胞减少，并对治疗糖尿病、贫血、高血压等病症具有辅助功效。

◎大枣中充足的维生素C能够促进身体发育、增强体力、减轻疲劳。大枣含维生素E，有抗氧化、抗衰老等作用。

◎此款果汁能够补益气血，平补阴阳。

黑加仑牛奶汁

原料 >

黑加仑15颗

牛奶200毫升

作法 > ❶将黑加仑洗净。❷将黑加仑和牛奶一起放入榨汁机榨汁。

ⓘ 营养功效

◎黑加仑中丰富的矿物质和维生素C，保持并协调了人体组织的pH值，维持了血液和其他体液的碱性特殊特征。黑加仑所含的生物类黄酮作为延缓衰老的物质其作用仅次于维生素E。黑加仑对于降低血压、软化血管、降低血脂，预防和治疗心血管疾病亦有作用，并且还有较强的防癌抗癌作用。同时还有美容、减肥的作用。

◎此款果汁能够预防关节疾病。

桑葚牛奶汁

原料 >

桑葚15颗

饮用水200毫升

作法 > ❶将桑葚去蒂洗净。❷将洗好的桑葚和牛奶一起放入榨汁机榨汁。

ⓘ 营养功效

◎桑葚能够补益肝肾，滋阴养血，对乌发、息风，清肝明目，解酒，改善睡眠；提高人体免疫力，延缓衰老，美容养颜，降低血脂，防癌有特效。桑葚能增强抗寒、耐劳能力，延缓细胞衰老，防止血管硬化，以及提高机体免疫功能等。

◎牛奶味甘性微寒，具有滋润肺胃、润肠通便、补虚的作用，适用于各年龄层次人群。

◎此款果汁能够减少皱纹，提高免疫力。

橘色蔬果汁

▌胡萝卜番石榴汁

原料 >

胡萝卜半根　　番石榴1个　　饮用水200毫升

作法 > ❶将胡萝卜去皮洗净，切成块状。❷将番石榴洗净，切成块状。❸将切好的胡萝卜、番石榴和饮用水一起放入榨汁机榨汁。

小常识 > 胡萝卜的保鲜：把胡萝卜放进冰箱前先切掉顶上绿色的部分。把胡萝卜放进塑料袋里，放在冷藏室最冷的那格，并远离苹果、梨、土豆等会释放乙烯的催熟蔬果。

◎ 营养功效

◎胡萝卜素可以修护及巩固细胞膜，防止病毒乘隙入侵，这是提升人体免疫能力最实际有效的做法。胡萝卜素附着呼吸道上形成一个保护膜，如此便可以有效隔离病原体对呼吸道黏膜细胞的伤害。

◎番石榴具有防止细胞遭受破坏而导致的癌病变，避免动脉粥样硬化的发生，抵抗感染病等功效。还能维持正常的血压及心脏功能。它能够有效地补充人体缺失的或容易流失的营养成分。番石榴含纤维高，能有效地清理肠道，对糖尿病患者有独特的功效。

◎此款果汁能够增强免疫力，改善肤色。

胡萝卜菠萝番茄汁

木瓜柳橙鲜奶汁

原料 >

胡萝卜半根　　菠萝2片　　番茄1个　　饮用水200毫升

作法 > ❶将黑加仑洗净。❷将黑加仑和牛奶一起放入榨汁机榨汁。

原料 >

木瓜半个　　柳橙1个　　鲜奶200毫升

作法 > ❶将木瓜洗净去皮、瓤，切成块状；将柳橙去皮、分开。❷将切好的木瓜和柳橙、鲜奶一起放入榨汁机榨汁。

◎ 营养功效

◎番茄内含有丰富的苹果酸和柠檬酸等有机酸，它们能促进胃液分泌，帮助消化，调整胃肠功能。日常生活中，各种聚餐、酒局频频，胃肠不堪重负，人也特别容易疲劳、烦躁不安，这时候如果能吃点番茄制品做的菜就能缓解这些不适症状。

◎此款果汁能够增加食欲，预防便秘。

◎ 营养功效

◎木瓜所含的蛋白分解酵素，可以补偿胰脏和肠道的分泌，补充胃液的不足，有助于分解蛋白质和淀粉，是消化系统的免费长工。

◎木瓜含有胡萝卜素和丰富的维生素C，它们有很强的抗氧化能力，帮助机体修复组织，消除有毒物质，增强人体免疫力。

◎此款果汁能够丰胸美体，改善肤色。

▌胡萝卜雪梨汁

▌木瓜汁

原料 >

胡萝卜1根　　雪梨1个　　柠檬2片　饮用水200毫升

作法 > ❶将胡萝卜洗净去皮，切成块状；将雪梨洗净去核，切成块状；将柠檬洗净，切成块状。❷将准备好的胡萝卜、雪梨、柠檬和饮用水一起放入榨汁机榨汁。

原料 >

木瓜半个　　　　　饮用水200毫升

作法 > ❶将木瓜洗净去瓤，切成块状。❷将切好的木瓜和饮用水一起放入榨汁机榨汁。

☺ 营养功效

◎胡萝卜中含蛋白质，脂肪、碳水化合物，粗纤维，钙、磷、铁，挥发油等成分。胡萝卜中的β–胡萝卜素是维生素A的来源，这种成分的合成使胡萝卜具有很强的抗氧化作用。

◎梨中含有糖体、鞣酸、多种维生素及微量元素等成分，具有祛痰止咳、降血压、软化血管壁等功效。梨中含果胶丰富，有助于胃肠和消化功能，促进大便的排泄，增进食欲。

◎此款果汁能够抗氧化，清肠润肺。

☺ 营养功效

◎木瓜中含有大量的木瓜果胶，是天然的洗肠剂，可以带走肠胃中的脂肪、杂质等，起到天然的清肠排毒作用。空腹的时候吃木瓜，木瓜果胶可以带走肠道里面的杂质和滞留的脂肪。木瓜蛋白酶也可以分解肠道里面和肠道周围的脂肪，腹部的脂肪被逐步分解了，人体内各部位的脂肪不断被人体利用分解，这样，就起到了减肥的作用。

◎此款果汁有利于减肥塑身。

柠檬汁

原料 >

柠檬2片

饮用水200毫升

作法 > ❶将柠檬去皮，切成块状。❷将切好的柠檬和饮用水一起放入榨汁机榨汁。

◎ 营养功效

◎根据美国最新研究报告显示，维生素C和维生素E的摄取量达到均衡标准，有助于强化记忆力，提高思考反应灵活度，是现代人增强记忆力的饮食参考。专家建议，柠檬是具有抗氧化功效的水溶性维生素C类的食物，因此一天一杯柠檬汁有助于保持记忆力，且对身体无任何副作用，是日常生活中随手可得的健康食品。

◎此款果汁不仅能够抗氧化，更能强化记忆力。

胡萝卜汁

原料 >

胡萝卜2根

饮用水200毫升

蜂蜜适量

作法 > ❶将胡萝卜洗净去皮，切成块状。❷将切好的胡萝卜放入榨汁机榨汁。❸在榨好的果汁内加入适量蜂蜜搅拌均匀即可。

◎ 营养功效

◎一些行业的从业者，如美容美发业者、印刷厂员工、洗衣店老板、修车厂技师，都会接触许多对身体有害的化学药剂，胡萝卜可帮其排毒。胡萝卜中含有的琥珀酸钾有降血压效果，其中的槲皮苷则可促进冠状动脉的血流量，对于心肺功能弱、末梢循环差、容易出现下半身浮肿的人，可达到加强循环，将滞留于细胞中多余的水分排出的功效。

◎此款果汁能够帮助排毒，适用于经常接触化学药剂的人。

石榴香蕉山楂汁

木瓜菠萝汁

原料 >

石榴1个　　香蕉1根　　无核山楂4个　　饮用水200毫升

原料 >

木瓜半个　　菠萝2片　　饮用水200毫升

作法 > ①将石榴去皮，取出果实。②剥去香蕉的皮，切成块状。③将山楂洗净，切成片；④将准备好的石榴、香蕉、山楂和饮用水一起放入榨汁机榨汁。

作法 > ①将木瓜洗净去皮去瓤，切成块状。②将菠萝洗净，切成块状。③将切好的木瓜、菠萝和饮用水一起放入榨汁机榨汁。

◎ 营养功效

◎石榴味酸，含有生物碱、熊果酸等，有明显的收敛作用，能够涩肠止血，加之其具有良好的抑菌作用，所以是治疗痢疾、泄泻、便血及遗精、脱肛等病症的良品。

◎此款果汁能够有效治疗腹泻、痢疾。

◎ 营养功效

◎菠萝成分中的酸丁酯，具有刺激睡液分泌及促进食欲的功效。同时，菠萝对于预防头眼昏花有很好功效。此外，菠萝中的糖分能够迅速补充身体所需要能量。

◎此款果汁能缓解晕病症状。

火龙果芝麻橙汁

原料 >

火龙果1个　　橙子半个　　饮用水200毫升　　芝麻适量

作法 > ❶剥去火龙果的皮，将果肉切成块状。❷将橙子去皮，切成块状。❸将准备好的火龙果、橙子、芝麻和饮用水一起放入榨汁机榨汁。

◎ 营养功效

◎火龙果作为一种低热量、高纤维的水果，其食疗作用就不言而喻了，经常食用火龙果，能降血压、降血脂、润肺、解毒、养颜、明目，对便秘和糖尿病有辅助治疗的作用，低热量、高纤维的火龙果也是那些想减肥养颜的人们最理想的食品，可以防止"都市富贵病"的蔓延。

◎此款果汁能够增强抵抗力，预防"富贵病"。

柠檬红茶汁

原料 >

柠檬一个　　红茶200毫升

作法 > ❶将柠檬去皮，切成块状。❷将切好的柠檬和红茶一起放入榨汁机榨汁。

◎ 营养功效

◎红茶中的咖啡因可以通过刺激大脑皮质来兴奋神经中枢，促成提神、思考力集中，进而使思维反应更加敏锐，记忆力增强；它对血管系统和心脏也具有兴奋作用，强化心搏，从而加快血液循环以利新陈代谢，同时又促进发汗和利尿，由此双管齐下加速排泄乳酸（使肌肉感觉疲劳的物质）及其他体内老废物质，达到消除疲劳的效果。

◎此款果汁能使人集中注意力，提高反应能力。

黄色蔬果汁

芒果苹果香蕉汁

原料 >

芒果一个　苹果一个　香蕉一个　饮用水200毫升

作法 > ❶将芒果去皮去核切块；将苹果洗净，去核切块；剥去香蕉的皮和果肉上的果络，切块。❷将切好的芒果、苹果、香蕉和饮用水一起放入榨汁机榨汁。

小常识 > 蔬菜水果在食用之前，要注重清洗的方法，最好的方法是以流动的清水洗涤蔬果，借助水的清洗及稀释能力，可把残留在蔬果表面上的部分农药去除。

🍲 营养功效

◎芒果兼有桃、杏、李和苹果等的滋味，如盛夏吃上几个，能生津止渴，消暑舒神。

◎苹果性平，味甘酸、微咸，具有生津润肺、止咳益脾、和胃降逆的功效。苹果富含的多种维生素能够有效促进食物的消化吸收。

◎芒果、香蕉、苹果，这三种水果都含有丰富的维生素C和纤维质，能促进代谢，净化肠道，所以多喝这三种水果榨的汁可以让肤质白里透红，水水嫩嫩，更棒的是它也有不错的瘦身效果。

◎此款果汁能够润肠通便，排出毒素。

菠萝圆白菜青苹果汁

橙子柠檬汁

原料 >

菠萝4片   圆白菜2片   青苹果1个   饮用水200毫升

作法 > ❶将菠萝洗净，切成块状；将圆白菜洗净切碎；将苹果洗净去核，切成块状。❷将切好的菠萝、圆白菜、苹果和饮用水一起放入榨汁机榨汁。

原料 >

橙子1个   柠檬2片   饮用水200毫升

作法 > ❶将柠檬、橙子去皮，切成块状。❷将切好的柠檬、橙子和饮用水一起放入榨汁机榨汁。

◎ 营养功效

◎菠萝是拯救各种问题肌肤的天使，食用菠萝不仅可以清洁肠道、帮助调节肤色，还有很强的分解油腻、减肥的作用。

◎青苹果中含有的"苹果酚"有以下四种功效：抗氧化的作用；消除鱼腥味、口臭等异味；预防蛀牙；抑制黑色素酵素的产生。

◎此款果汁能够补充维生素、瘦身美白。

◎ 营养功效

◎柠檬酸具有防止、消除皮肤色素沉着的作用。经常使用一些含铅的化妆品，时间久了容易在皮肤上形成色素斑迹影响容颜。使用柠檬型润肤霜或润肤膏，可以有效地阻止铅素在皮肤上发生化学反应，从而保持皮肤光洁细嫩。

◎此款果汁能够促进血液循环，改善肤质和气色。

阳桃汁

原料 >

阳桃1个

饮用水200毫升

作法 > ❶将阳桃洗净，切成片，剔除子。❷将切好的阳桃和饮用水一起放入榨汁机榨汁。

◎ 营养功效

◎阳桃果肉橙黄，肉厚汁多，对肠胃、呼吸系统疾病有一定辅助疗效。阳桃中含有对人体健康有益的多种成分，如碳水化合物、维生素A、维生素C，以及各种纤维质、酸素。阳桃的药用价值也很大，对口疮、慢性头痛、跌打肿痛的治疗有很好的功效。它含有的纤维质及酸素能解内脏积热，清燥润肠通大便，是肺、胃有热者最适宜食用的清热水果。
◎此款果汁能够治疗感冒引起的咽痛。

柳橙苹果汁

原料 >

柳橙1个

苹果1个

饮用水200毫升

作法 > ❶将柳橙去皮，分开。❷将苹果洗净去核，切成块状。❸将准备好的柳橙、苹果和饮用水一起放入榨汁机榨汁。

◎ 营养功效

◎苹果含糖、蛋白质、脂肪、各种维生素及磷、钙、铁等矿物质，还有果酸、奎宁酸、柠檬酸、鞣酸、胡萝卜素等。果皮含三十蜡烷。有安眠养神、补中焦、益心气、消食化积之特长。对消化不良、气壅不通症者，榨汁服用，可顺气消食。苹果能够使人们的神经更趋健全，内分泌功能更加合理，在促进皮肤的正常生理活动方面具有无法估量的益处。
◎此款果汁能够抗氧化，增强抵抗力。

养心蔬果

心脏位于胸腔，居肺下膈上，脊柱前，胸骨后，心尖在左乳下。它相当于人体的君主，主管精神意识、思维活动，有统率协调全身各脏腑功能活动的作用。

心气不足主要症状

- ☐ 气血淤滞，血液亏虚
- ☐ 面色灰暗无华，唇色青紫
- ☐ 胸前憋闷，偶有痛感
- ☐ 脉象微弱无力、节律不均（有结、代、促、涩之感）
- ☐ 宜引发心脑血管方面的问题

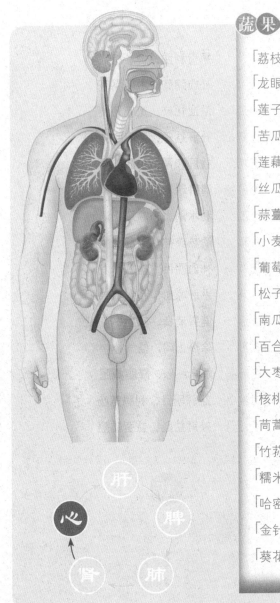

肝
心
脾
肾
肺

蔬果

「荔枝」	理气补血，补心安神
「龙眼」	益气补血，养血安神
「莲子」	养心安神，益肾涩精
「苦瓜」	解毒明目，补气益精
「莲藕」	散瘀解渴，改善肠胃
「丝瓜」	凉血解毒，通经活络
「蒜薹」	温中下气，调和脏腑
「小麦」	养心除烦，健脾益肾
「葡萄」	补血美肤，强健筋骨
「松子」	滋阴养液，补益气血
「南瓜」	补中益气，降糖止渴
「百合」	养阴清热，滋补精血
「大枣」	养胃止咳，益气生津
「核桃」	润肠通便，延迟衰老
「茼蒿」	养心降压，温肺清痰
「竹荪」	益气补脑，宁神健体
「糯米」	补中益气，暖胃止泻
「哈密瓜」	利便益气，清热止咳
「金针菜」	健脑养血，平肝利尿
「葵花子」	降低血脂，安定情绪

养肝蔬果

肝位于腹部膈膜右下，左右分叶，颜色紫红。肝负责对人体全身之气的疏通、生发与宣泄，人体的经络、气血、津液、营卫之气无不依赖于全身气机的升降沉浮来运作疏导。

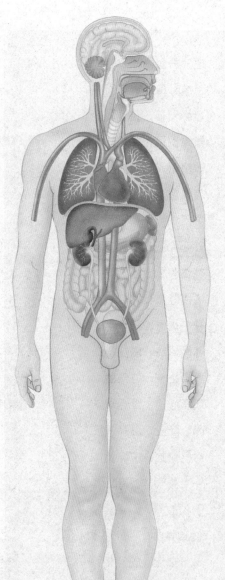

➡ **肝气郁滞主要症状**

□ 胸闷腹胀

□ 月经失调，肿块痛经，血瘀

□ 水停，水肿痰饮

□ 善感

□ 郁郁寡欢，多愁

□ 烦躁易怒，失眠

□ 多梦

蔬果

茭白	解毒利便，健壮机体
菠菜	补血润肠，滋阴平肝
油菜	活血化瘀，宽肠通便
香菇	补肝益肾，益智安神
燕麦	益肝和胃，护肤美容
苋菜	清肝明目，凉血解毒
冬瓜	利水消炎，除烦止渴
生菜	清热爽神，清肝利胆
芝麻	补血明目，益肝养发
芹菜	平肝凉血，利水消肿
番茄	健胃消食，凉血平肝
黍米	除热止泻，益气补中
空心菜	解毒利尿，降脂减肥
胡萝卜	益肝明目，利膈宽肠
金针菇	补肝益肠，益智防癌

养脾胃蔬果

脾位于腹腔上，膈膜下，在胃的背侧，呈现紫红色，与胃互为腑脏，彼此相连。脾胃是人体的后天之本，水谷精气到全身各处，为全身各脏器供应营养，时时刻刻不能缺少。

➜ 脾胃失常主要症状

- □ 腹胀便溏，食欲不振，精神萎靡，气血不足
- □ 指甲、舌、唇、面淡白，血虚，头晕眼花
- □ 皮下出血、便血、尿血
- □ 脾胃虚弱，四肢乏力，肌肉消瘦

肝 → 脾 → 肺 → 肾 → 心 → 肝

蔬果

葱	发汗解表，解毒散凝
姜	解毒除臭，温中止呕
桃	补中益气，润肠通便
木瓜	健脾消食，清热祛风
樱桃	补中益气，健脾和胃
菠萝	健脾解渴，消肿祛湿
韭菜	健胃整肠，保温内脏
洋葱	理气和胃，发散风寒
芒果	益胃止呕，解渴利尿
柠檬	化痰止咳，生津健脾
椰子	补虚强壮，益气祛风
豌豆	清凉解暑，利尿止泻
黄瓜	消肿解毒，清热利尿
蚕豆	益脾健胃，通便消肿
李子	生津润喉，清热解毒
橙子	生津止渴，开胃下气
山楂	健胃消食，活血化瘀
石榴	生津止渴，止泻止血
柚子	健脾解酒，补血利便
扁豆	健脾益气，化湿消暑
芋头	整肠利便，补中益气
青椒	温中散寒，开胃消食
茄子	散血止疼，解毒消肿
芥菜	解毒消肿，利气温中
萝卜	化痰清热，下气宽中
香菜	消食开胃，止痛解毒
大米	健脾养胃，止咳除烦
红小豆	解毒排脓，健脾止泻
马铃薯	和胃健中，解毒消肿
猕猴桃	健脾止泻，止渴利尿
无花果	健胃整肠，解毒消肿

养肺蔬果

肺脏位于胸腔，居膈上，左右各一白色分叶，质地疏松，形似海绵，虚如蜂巢，得水而浮。其主要功能是吐故纳新、吸清呼浊，调节人体内气机的升降出入。

病邪犯肺主要症状

- 胸闷，咳嗽，气喘
- 流鼻涕，鼻塞，嗅觉失灵
- 声低气怯，肢倦乏力，呼吸短促
- 肺虚热者脸红、多汗、发热，而下肢寒凉
- 肺实者可导致肺气肿、气管炎、肺积水

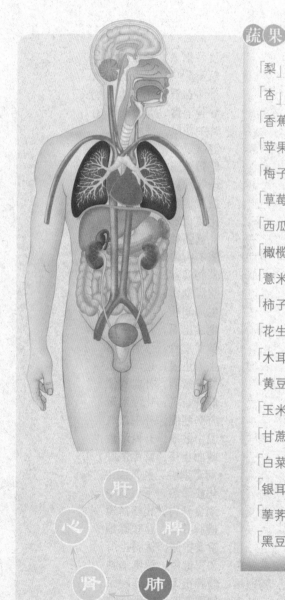

蔬果

「梨」	润肺清心，消痰止咳
「杏」	清热祛毒，止咳平喘
「香蕉」	清热解毒，润肺止咳
「苹果」	生津润肺，除烦解暑
「梅子」	止咳调中，除热下痢
「草莓」	润肺生津，利尿止渴
「西瓜」	清热除烦，清热解暑
「橄榄」	生津止渴，清热解酒
「薏米」	健脾补肺，化湿抗癌
「柿子」	清热润肺，健脾化痰
「花生」	温肺补脾，和胃强肝
「木耳」	温肺止血，补气清肠
「黄豆」	解热润肺，宽中下气
「玉米」	益肺宁心，健脾开胃
「甘蔗」	清热生津，下气润燥
「白菜」	解渴利尿，通利肠胃
「银耳」	养胃和血，延年益寿
「荸荠」	消渴痹热，温中益气
「黑豆」	温肺祛燥，补血安神

速查表 ⑤

养肾蔬果

肾为人体的先天之本，能藏精，精能生髓，滋养骨骼，故肾脏有保持人体精力充沛，强壮矫健的功能，是「作强」之官，主管智力与技巧。

❤ 肾虚主要症状

☐ 肾阳虚，身体怕冷，手脚偏凉

☐ 肾阴虚，身体怕热，腰腿酸软

☐ 女性月经少，经血色暗，甚至有血块，提早绝经

☐ 男子尿急尿频，四十岁以后性欲减退

☐ 骨弱无力，贫血眩晕，甚至小儿智力发育迟缓

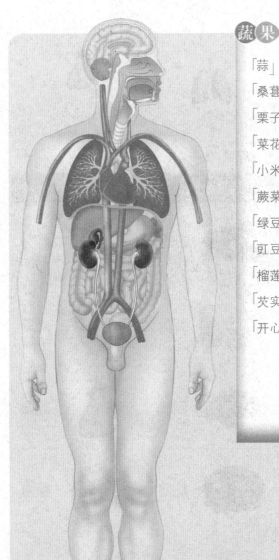

蔬 果

「蒜」	清热解毒，杀菌防癌
「桑葚」	补血滋阴，生津润燥
「栗子」	滋阴补肾，消除疲劳
「菜花」	健脑壮骨，补肾填精
「小米」	滋阴养血，除热解毒
「蕨菜」	清热解毒，止血降压
「绿豆」	清热解毒，保肝护肾
「豇豆」	健脾补肾，散血消肿
「榴莲」	壮阳助火，杀虫止痒
「芡实」	固肾涩精，补脾止泻
「开心果」	调中顺气，补益肺肾

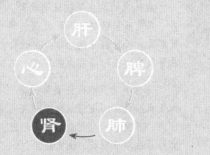

五味与五脏的对应关系

五味，即酸、咸、甘、苦、辛五种味道。中医认为，食物的五色五味皆可以反映出其大致的功效，并可与五脏相互对应：

酸味食物，入肝，主青色。
甘味食物，入脾，主黄色。
苦味食物，入心，主赤色。
辛辣食物，入肺，主白色。
咸味食物，入肾，主黑色。

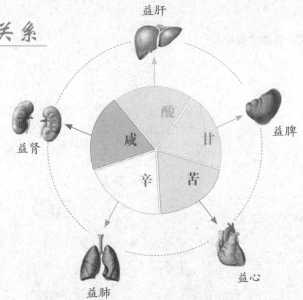

五味食材功效一览表

五味	功效	代表食物	代表器官
酸	酸味食物可以刺激唾液分泌，生津、养阴、收敛、固涩，有益于心脏和肌肉，但过食易引起消化不良和牙齿骨骼的损伤	酸枣	肝
甘	甘味食物能补、能缓、能和，具有滋养补虚、缓和痉挛、止痛镇痛的功效，内脏下垂、肌肉下垂者尤适宜食用甘味食物	糯米	脾
苦	苦味食物可以清火去热、醒脑提神、除烦静心、止痛镇痛，四季皆可食用，尤其可作为夏季的消暑祛湿佳品	杏仁	心
咸	咸味食物的主要特征是软和补，具有软坚散结、润肠通便、消肿解毒、补肾强身的功效。但过食易导致高血压、高脂血症等症	黑豆	肾
辛	辛味食物具有促进新陈代谢、加快血液循环、增强消化液分泌的作用，可发散、行气、活血。但过食易导致津液损伤、上火	开心果	肺

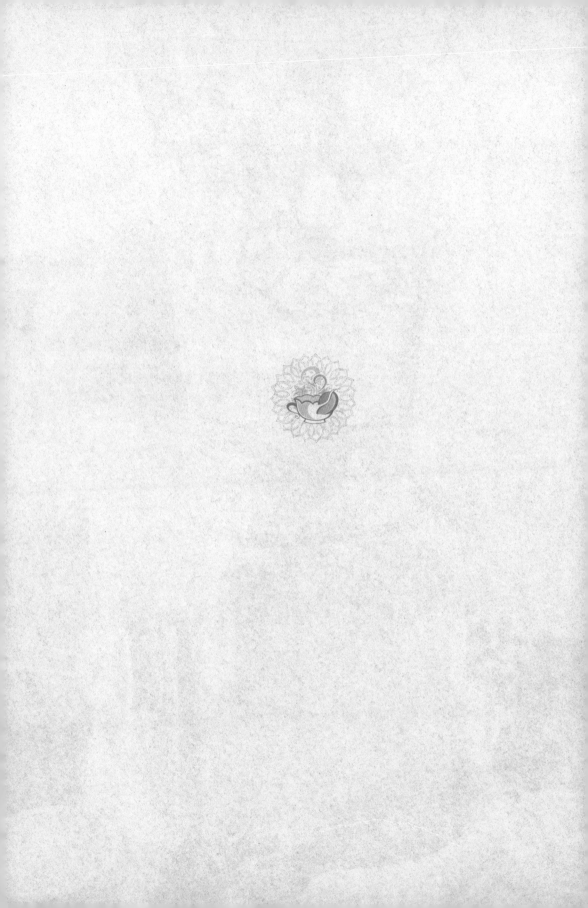